湖南冷水江锡矿山
地质填图实习教程

张彩华　王雄军　谭静强　张洪培　编著

中南大学出版社
www.csupress.com.cn
·长沙·

图书在版编目(CIP)数据

湖南冷水江锡矿山地质填图实习教程／张彩华等编著.
长沙：中南大学出版社，2025.4.
　　ISBN 978-7-5487-6250-8

　Ⅰ. P618.44

中国国家版本馆 CIP 数据核字第 20251QV180 号

湖南冷水江锡矿山地质填图实习教程
HUNAN LENGSHUIJIANG XIKUANGSHAN DIZHI TIANTU SHIXI JIAOCHENG

张彩华　王雄军　谭静强　张洪培　编著

□出 版 人	林绵优
□责任编辑	伍华进
□责任印制	李月腾
□出版发行	中南大学出版社
	社址：长沙市麓山南路　　　　邮编：410083
	发行科电话：0731-88876770　　传真：0731-88710482
□印　　装	长沙印通印刷有限公司

□开　　本　787 mm×1092 mm　1/16　□印张 10.25　□字数 267 千字
□互联网+图书　二维码内容　图片 24 张
□版　　次　2025 年 4 月第 1 版　　□印次 2025 年 4 月第 1 次印刷
□书　　号　ISBN 978-7-5487-6250-8
□定　　价　36.00 元

内容简介

　　本教程是根据中南大学资源勘查专业野外地质填图实习实践教学的需要，同时兼顾地质学、地球物理学等专业的教学要求而编写的。全书共分为 8 章，包括：绪论，锡矿山矿田地质，实测地层剖面，路线地质填图，地质填图室内资料综合整理，地层与地史专题实习，构造专题实习和沉积岩基础知识。

　　本书可以作为普通高等院校资源勘查专业地质填图实习的教材，也可用作区域地质调查、矿产勘查和矿山地质等技术人员的工作参考用书。

前 言

区域地质调查是地质工作中一项具有战略意义的基础工作，其目的是通过填制地质图以查明区内的地层、岩石、构造、矿产以及其他各种地质体的特征，并研究其属性、形成环境和发展历史等基础地质问题，为国土规划、矿产普查、水文监测、工程建设、环境评估、科研和教学等提供翔实的地质资料。

地质填图实习是资源勘查、地质学等专业学生在学完普通地质学、矿物学、岩石学、古生物地层学和构造地质学等专业基础课程以及在地质认识实习的基础上，在教师的指导下从事区域地质调查工作的训练过程，是一个综合性的实践教学环节。通过本次实习的系统训练，要求学生将地质理论与野外实践相结合，掌握地质填图的基本工作方法，如野外踏勘、实测地层剖面、作信手剖面图、标定地质观察点、路线观察描述、勾绘地质界线、地质素描、采集标本样品、数字成图等，培养学生具有独立进行地质填图的能力和编制地质报告及相关图件的技能。本教程结合举世闻名的"世界锑都"——湖南冷水江锡矿山矿田优越的成矿地质条件和典型地质现象，加深学生对构造地质学、岩石学、矿物学、矿床学和古生物地层学等课程的理论知识的理解，提高学生应用理论知识分析问题和解决实际问题的能力，为矿床学、矿产勘查学等后续课程的学习及进行地质工作打下坚实的基础。

锡矿山地质填图实习区依托被誉为"世界锑都"的湖南冷水江锡矿山矿田，其研究和开发历史悠久，地质现象典型。区内地层厚度不大，发育齐全，出露连续，易观察；接触关系清楚，标志层清晰；腕足类和珊瑚类等古生物化石丰富；褶皱和断层等构造十分发育，而且类型多样；地表可见锑矿化和"宁乡式"铁矿露头及矿化蚀变现象；湘中最大的煌斑岩脉在填图区亦有出露。此区地质条件十分优越，是开展大学生地质填图教学的理想场所。

本实习教程的主要特点：

(1)本实习教程严格按最新的地质规范要求进行编写，与地质调查院等用人单位对地质填图的要求完全同步，地质踏勘、实测地层剖面、路线地质填图、综合资料整理、图件绘制和地质报告编写等的技术方法均符合当前地质规范要求。

（2）结合当前的最新研究成果，对锡矿山矿田进行了详细而深入的介绍，提升了本次地质填图实习的资料厚度，提高了学生的学习兴趣。除了教程上的文字内容之外，还为相关实习配套了大量的数字化内容，如岩矿石、构造、古生物化石、热液蚀变和地貌等高清图片和高分辨率地质彩图等，学生可以根据需要用来提前预习或课后学习以提高实践教学效果。

（3）针对实习过程中重难点问题辅以专题进行教学。对地质填图区内的"F-F 生物大灭绝事件"和"宁乡式"铁矿以知识点的形式进行重点介绍，以激发学生的学习兴趣和探索精神。

（4）为了方便教学，书中对各种技术方法的介绍和要求注重细节，做到了规范化和图解化，内容重点突出、直观生动、简明扼要和易学易用。

本书在编写过程中，得到了中南大学地球科学与信息物理学院和地质资源系的关心与支持；书中引用和借鉴了前人的一些资料和研究成果；在锡矿山地质填图实践教学试用过程中，刘辰生、张建东和曹勇华等老师对部分内容提出了宝贵的修改意见，在此一并致以衷心的感谢。

由于作者水平有限，时间仓促，书中难免出现不足之处，恳请读者不吝指正。

编著者

2025 年 1 月

目 录

第一章

绪论

第一节　实习区概况

实习区位于湖南省冷水江市锡矿山,东至兰田湾,西大致以 F_{75} 断层为界,南到聂家冲附近,北至罗家院—肖家岭一线,大致位于北纬 27°45′36″,东经 111°29′45″,面积约 2.2 km²。卫星图见附录第四部分。实习区依托世界闻名的锡矿山矿田,研究和开发历史悠久,地质现象典型。区内地层厚度不大、发育齐全、出露连续,易观察;接触关系清楚,标志层清晰;腕足类和珊瑚类等古生物化石丰富;褶皱和断层等构造十分发育,而且类型多样;地表可见锑矿化和"宁乡式"铁矿露头及矿化蚀变现象;湘中最大的煌斑岩脉在填图区亦有出露。综上所述,实习区地质条件十分优越,是开展地质填图教学的理想场所。

一、自然经济地理

锡矿山位于湖南省资水中游,雪峰山东麓,距冷水江市市区 15 km(公路里程),沿冷锡公路有市内公交往返,东距娄底市 87 km,与省会长沙距离为 223 km,交通便利(图 1-1)。从中南大学潇湘校区出发,经 S50 长芷高速(122.8 km)、G55 二广高速(13 km)、S70 娄新高速(34 km)2 h 左右可达冷水江市,沿 S238 温金公路冷水江段(又称冷锡公路)15 km,20 min 即可到达本次地质填图实习驻地——位于锑都文化广场一侧的闪星锑业招待所。

全区属中低山地貌,山脉走向整体为 NE 方向,海拔高度为 300～800 m(冷水江 178 m,南矿东山 473 m,北矿肖家岭 737 m),地形切割中等,植被较发育。锡矿山属亚热带季风气候,光照充足,四季分明,年平均气温为 16.7 ℃,年降雨量在 1354 mm 左右。全区 1—2 月为最冷时期,气温可低至零下 4～6 ℃,6—8 月为高温季节,气温为 35～40 ℃,矿区昼夜气温变化显著。雨季在 2—4 月和 9—10 月。

锡矿山工业以锑矿业为主,采、选、冶、研配套齐全,近年来黄金冶炼业发展迅猛,年产黄金近 3 t。原来的小规模的铁矿和煤矿采掘业已逐渐关停。在政府的支持下旅游业得到了较快发展。农业以水稻、玉米等经济作物种植为主,粮食蔬菜及肉类均需外地供应。

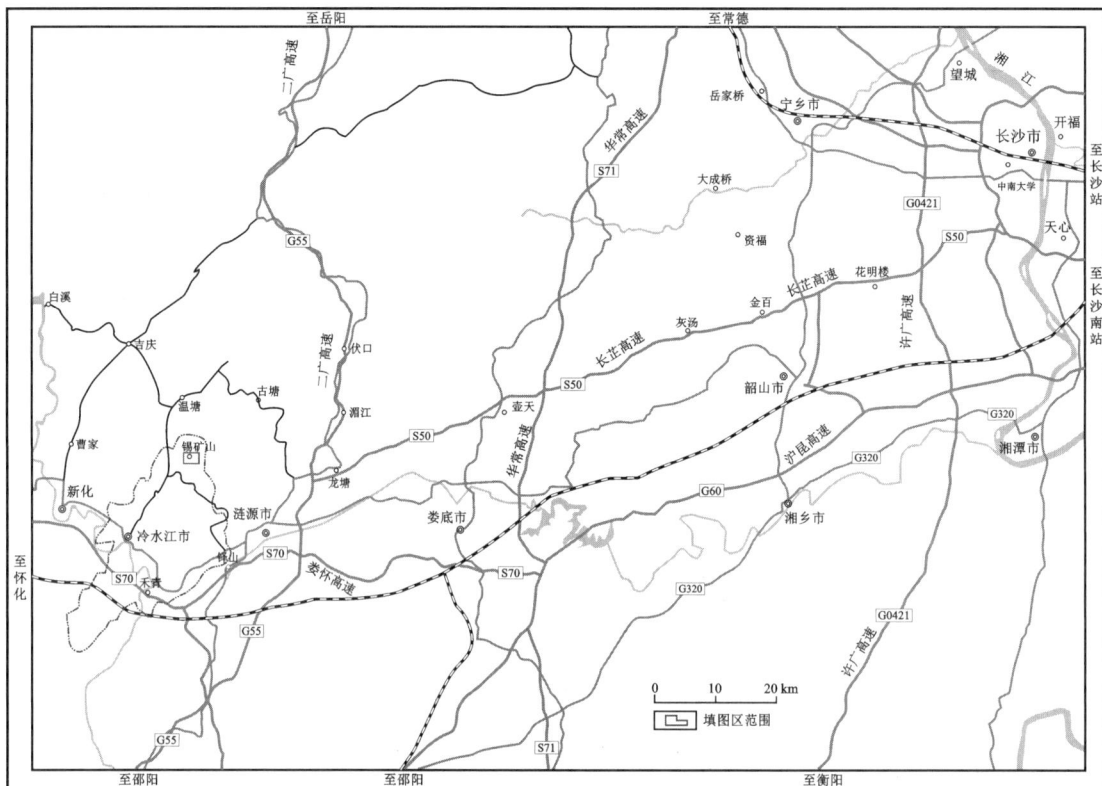

图1-1 填图区交通位置图

二、实习基地共建单位闪星锑业

锡矿山闪星锑业有限责任公司位于湖南省冷水江市，是集锑金采、选、冶、科研于一体的大型国有锑金联合企业，是全球主要的锑金属和锑品生产商、供应商以及国家锑品主要开发和出口基地，锑品生产量居世界第一。目前已形成60万t年锑采选、2万t精锑、4万t锑品、3t黄金生产能力。

闪星锑业是我国锑工业的摇篮和锑品生产技术的发源地，拥有世界水平的锑品生产的技术和装备。锑品生产技术全部具有自主知识产权，迄今获省部级以上科技奖78项，拥有45项国家发明专利。公司是锑产品国家标准和行业标准的主要起草单位，主持制定和修订了45项涉锑国家、行业标准。

闪星锑业注册商标为"闪星牌"，主要产品为锑锭、三氧化二锑、三氧化二锑母粒、乙二醇锑、三硫化二锑、五氧化二锑、锑酸钠和金银等。

三、风景名胜

锡矿山的地质、生态和红色旅游资源十分丰富，知名旅游景点众多。旅游景点主要有：省级保护文物湘中第一碉楼羊牯岭碉楼(图1-2)、历史采冶旧址"忆苦窿"采矿遗址、湖南早期工矿党支部中共锡矿山特别党支部旧址、红六军团长征指挥部旧址、红军长征纪念碑、解放锡矿山战斗遗址及革命烈士纪念碑、百年锑矿千米垂直矿井、锡矿山展览馆、联合国"生物多样性公约"缔约大会上推介的生态修复示范区，以及近年来打造的网红打卡点"万马奔腾"岩溶石林、"玫瑰爱琴海"千亩花海(图1-3)、湘中最大煌斑岩脉地表出露区、"云南贝"化石集群区等生态及地质景观区。

　　锡矿山周边旅游景点主要有：有"世界岩溶博物馆"和"天然地下艺术宫殿"美誉的波月洞和海拔1072.3 m的佛教圣地、省级风景名胜区大乘山。

图1-2　锡矿山羊牯岭碉楼

图1-3　锡矿山"玫瑰爱琴海"千亩花海一角

第二节　地质填图实习的目的和要求

一、地质填图实习目的

　　地质学科是一门实践性很强的学科，野外地质教学是地质教学中不可缺少的环节。锡矿山地质填图实习是在长沙岳麓山周边和张家界地质认识实习之后，以区域地质调查方法学习为重点的野外地质学综合实践过程。通过现场教学，使学生在系统掌握地质调查的基础知识、基本方法和基本技能的同时，巩固地质学基本理论，提高学生理论联系实际，从现象认知到分析问题和解决问题的实际能力。锡矿山地质填图实习主要服务于中南大学地球科学与信息物理学院资源勘查工程专业的学生，时间为6周，其中野外时间为4周。

　　通过本次实习的系统训练，使学生掌握地质填图的基本工作方法，如野外踏勘、实测地层剖面、作信手剖面图、标定地质观察点、路线观察描述、勾绘地质界线、地质素描、采集标本样品、数字成图等，培养学生具有独立进行地质填图的能力和编制地质报告及相关图件的技能，培养和训练学生对野外地质现象的观察、描述和基本成因分析的能力。本次实习以学习地质填图方法为主，结合锡矿山矿田优越的成矿地质条件，加深学生构造地质学、岩石学、矿物学和地层古生物学等课程的理论知识，提高学生应用理论知识分析问题和解决实际问题的能力，为矿床学、矿产勘查学等后续课程的学习及进行地质工作打下坚实的基础。本次实习主要采用现场教学法进行教学，同时针对实习的重难点问题，辅以专题，在实习基地进行理论教学。此外，通过组织学生参观闪星锑业有限责任公司展览馆、选厂和冶炼厂以及邀请闪星锑业有限责任公司高管讲课等形式，使学生深入了解锡矿山矿田开发、勘查和研究历史及采、选、冶流程，分析矿床成因，交流地质找矿经验。

二、地质填图实习要求

　　锡矿山地质填图实习总的要求：通过实习巩固课堂所学的理论知识，学会对一般地质现象的观测和地质填图方法，培养学生具有独立进行地质填图工作的能力。实习中以现场地质条件为基础，主要采用现场教学法进行教学，同时辅以集中讲授教学，内容以地质填图规范、岩石学和构造地质学为主，同时介绍古生物地史学、矿床学和勘查学的一些基本知识。

　　为确保野外实习任务的顺利完成，必须强化安全意识，严明实习纪律，实习要求如下：

　　(1)召开实习动员大会。明确实习目的、任务和要求；介绍实习基地的学习和生活条件；宣布实习成绩的评定原则；宣布实习纪律及注意事项；介绍实习工作计划；借用野外装备和准备实习用品。

　　(2)认真阅读《湖南冷水江锡矿山地质填图实习教程》及相关资料，并尽可能地收集前人的研究成果，以便熟悉实习区的地质特征和地质研究状况。

　　(3)强化安全意识，严明实习纪律。实习阶段无故缺勤、打架斗殴、不服从管理者，由实习队给予纪律处分，实习成绩按不及格处理。

　　(4)要求按国家地质规范要求，用1：5000的地形底图，填1：10000精度的地质图(简测)，面积约2.2 km²。

（5）通过地质踏勘，要求熟悉实习区主要岩石类型及主要矿物特征，掌握不同岩石类型的野外肉眼鉴别特征。学会地层剖面的实测、作图和资料整理的方法，通过地层分层和观测，初步掌握地层单元的划分和对比方法，采集并鉴定测区的主要古生物化石。

（6）要求学会地质填图方法，包括观测线、点的布置和定点方法，地质界线的勾绘方法、观测记录方法，路线信手剖面图的绘制方法，典型地质现象的摄影、素描方法，标本的采集方法，以及野外资料的整理、清绘方法等。掌握地质填图、数字成图及编制正规地质图件和编写地质报告的基本知识、方法和技能。

（7）要求学会地质构造现象的观测、分析方法。掌握实习区内中、小型尺度各种构造现象（包括褶皱、断层、节理、面理和线理等）的观测、描述和形成机制的分析方法；学习较大型构造的识别方法；学习实习区各种类型构造的相互关系，形成时的应力状态、应变情况和构造演化史的综合分析方法。

（8）参观闪星锑业有限责任公司的展览馆、选矿厂和冶炼厂，了解锡矿山矿田的开发、勘查、研究历史和采、选、冶的基本知识。

第三节　主要实习内容和时间安排

一、主要实习内容

(一) 踏勘

（1）登高望远，判读地形图。识别地形、地貌和地物。熟悉填图区的地形、地貌和主要地物的名称、分布以及在地形图上的位置。

（2）认识填图区的主要地层、岩石类型和构造轮廓。踏勘路线选在七星加油站至老江冲简易公路和老江冲至红军亭等路段。

(二) 实测地层剖面

（1）剖面选择和布置原则。
（2）剖面的施测方法。
（3）剖面的施测内容，记录格式和记录内容。
（4）岩石、化石标本的采集方法、要求及鉴定。
（5）剖面资料的整理和观测数据的换算，规范地层剖面图的编制。
（6）地层分层划分和填图单位的确定。
（7）信手剖面图的绘制方法。
（8）实测剖面位置选在欧家冲、烈士塔、独立小屋和老江冲简易公路等处。

(三) 地质填图

学习从地质点定点、路线观察、勾绘地质界线到形成地质手图、实际材料图和地质图全过程的一整套工作方法。具体内容如下：

（1）定观测点。

①观测点的类型（即点性）及布置原则——地层界线点、岩性控制点、构造点、地貌点、水文点及辅助点等。

②测点位置的确定方法——地形地物法、后方交会法、视距法和GPS法。

③测点工作内容及工作方法——一般要求每个测点做四件事，即定点、观测（包括测量地质体的产状）、记录描述及勾绘地质界线。有的点还应做素描、照相及采集标本等工作。

（2）观测路线的布置原则和方法，包括穿越法和追索法。

（3）地质界线的勾绘方法。

（4）素描图的绘制（包括景观素描图、地质素描图、手标本素描图等），地质平面示意图及地质剖面示意图的绘制。

（5）路线地质图的绘制及地形地质图的编制。

（6）观测点、线的清绘及观测资料的室内整理。

（四）地层专题实习

通过对实习区及其外围地层剖面进行踏勘和实测，结合湘中标准地层剖面资料的研究，进行地层对比、划分以及岩相古地理和地质发展史的分析。

（1）实测或路线观测上泥盆统—下石炭统地层剖面。

（2）鉴定化石和岩石标本，划分地层分层。

（3）作地层柱状图及柱状对比图。

（4）编写锡矿山地区地层划分与对比文字报告。

（五）构造专题实习

在实习区选择典型小型构造现象进行观测、描述和分析。

（1）岩层产状的测量：包括直接方法和间接方法。

（2）原生构造的观测：包括水平层理、平行层理、透镜状层理、斜层理、粒序层理。层面构造的观测：包括波痕、印痕、泥裂等。其他沉积构造的观测：如虫迹、缝合线等。学习运用原生构造判别岩层层序的正常与倒转。

（3）节理的观测：节理面的产状、形态特征、性质及成因类型，方解石脉体及脉体的充填情况。学会节理的统计测量方法及编制玫瑰花图、等密图，分析节理与大构造的关系等。

（4）断层观测：断层现象和标志，断层要素和产状测量，断距测算，断层运动方向及断层性质分析。

（5）小褶皱的观测：几何要素测量，形态观察，伴生构造的观测，形成机制的分析及其与大型构造的关系。

（6）劈理的观测：测量劈理面的形态产状、微劈理石的厚度及劈理密度，观察劈理的空间排列规律，观察劈理的物质成分、分布规律，分析劈理的形成机制及应用劈理确定褶皱、判断地层层序等。

（7）石香肠构造及构造透镜体的观测，强烈挤压构造带的观测。

（8）膝折构造的观测及成因分析。

（9）综合运用小构造推测大构造的特征。

（10）矿田构造剖面观测，矿田构造图的地质分析。

（11）采集定向标本，学会采集、标定方法。

（六）大构造的观测（以非直观构造尺度为对象）

（1）褶皱：包括非直观褶皱的识别及其要素的观测，褶皱的产状分类和形态分类，褶皱在平面上和剖面上的组合类型、分布范围及排列方式，褶皱内小构造的研究，褶皱形成机制的判断，褶皱的世代及形成时期的分析，褶皱与沉积矿产及内生矿产的关系。

（2）断层：断层存在的标志及断层要素的确定，断层面（带）的观察，断层的派生构造的观察，断面产状及两侧岩块相对位移的测定，断层的分类，断层与褶皱的关系，断层与矿产的关系。

（七）区域地质与构造发展史的分析

（八）岩石、矿物、化石的观察

（1）主要矿物类型及肉眼鉴定的特征。

（2）岩石性质的观察描述方法。

（3）主要化石的特征及时代意义。

（九）矿床基本知识

（1）了解锡矿山锑矿床和"宁乡式"铁矿床的基本地质特征。

（2）了解锡矿山矿田的背斜和断层构造对锑矿床的控制作用，了解岩相古地理、微相对"宁乡式"铁矿床的控制作用。

（3）了解佘田桥组七里江段硅化（灰）岩与锑成矿的相互关系。

（4）了解长龙界段钙质页岩对锑成矿的重要作用。

（5）了解锡矿山锑矿床和铁矿床不同的找矿标志。

（6）了解地质填图对锑矿床和铁矿床找矿和勘查的重要作用。

（十）勘查工程及采、选、冶基本知识（参观）

（十一）编写地质报告

（1）野外资料的综合整理，包括野外记录、标本的整理和编制实际材料图。

（2）编制地层综合柱状图。

（3）编制地质图，包括图切剖面及构造纲要图。

（4）编写地质报告（附各种插图及照片）。

二、时间安排

锡矿山地质填图实习时间一共6周，其中野外实习4周。计划时间安排如表1-1所示，集中上课时间主要安排在晚上，一共安排12个学时。具体时间可能会因天气等原因有所调整。

表 1-1　锡矿山地质填图野外实习计划时间表

序号	实习内容	时间/天	序号	实习内容	时间/天
1	实习动员与准备	1	7	地质填图	9
2	野外地质工作安全教育	1	8	构造专题	1
3	锡矿山地质概况	1	9	古生物专题	1
4	登高望远判读地形图	1	10	报告及图件编制	13
5	地质路线踏勘	2	11	往返长沙至锡矿山	2
6	实测地层剖面及制图	6	12	整理资料	2

第四节　提交成果资料和成绩评定

一、提交成果资料

(一)原始资料

(1)野外记录本。

每人至少记录 35 页,内容齐全,包括如下内容(最低数):

①路线踏勘 2 条,附信手剖面图。

②填图地质点 65 个左右。

③各种地质现象、岩矿石手标本素描图、路线剖面图等不少于 10 幅。

(2)采集有意义的岩石、构造和古生物标本 3 块,定向标本 1 块。

(3)实测地层剖面原始记录表、实测地层剖面小结 1 份(可附在野外记录本里)。

(4)剪节理测量原始数据表 1 份(可附在野外记录本里)。

(5)野外地形手图 1 张。

(二)成果资料

(1)实习地质报告 1 份。

(2)实测剖面图(包括柱状图和线路地质图,上墨清绘)1 张,画在 75 cm×50 cm 规格的厘米纸上。

(3)1∶5000(地形)地质图 1 张,包括地质图正图、综合地层柱状图、图切剖面及图例,按照规范用不同颜色的水粉着色。

(4)1∶5000 构造纲要图 1 张,以构造旋回为单位,突出褶皱构造和断裂构造,绘出褶皱轴迹。

(5)1∶5000 实际材料图 1 张。

以上成果为最低要求,同学们应充分发挥自己的积极性和主动性,保质保量超额完成上述任务,并合理利用时间,加深某些实习内容或专题研究,进一步提高实习质量。

二、成绩评定

锡矿山地质填图成绩评定具有综合性，由两部分组成，即野外部分和室内部分。应全面考查学生实习期间的学习态度、基础知识的掌握程度、野外观察分析能力、独立工作能力、室内资料整理情况以及实习报告(内容、综合分析能力、各种图件质量)和地质图件(准确、规范、美观)的质量等，成绩评定明细表见表1-2。成绩分为"优秀"(90分及以上者)、"良好"(80~89分)、"中等"(70~79分)、"及格"(60~69分)和"不及格"(0~59分)五档，其中"优秀"比例，控制在学生总人数的15%左右。按照学校有关规定，野外地质实习不及格者一律不予补考，不及格者不能毕业，重修者所有实习费用由本人自理。

表1-2　锡矿山地质填图实习成绩评定明细表

野外部分				室内部分			
出勤表现	野外手图(或实际材料图)	野外记录本和其他原始记录	野外表现	实测剖面草图	实测剖面正图(上墨)	地形地质综合图(上色)	实习报告
5分	10分	10分	10分	10分	15分	20分	20分

第五节　安全保障及携带物品

一、安全保障

锡矿山地质填图区总体安全状况良好，虽然多年来一直没有发生过重大安全事故，但潜在安全隐患不容忽视，需要引起足够重视。首先是锡矿山填图区悬崖、陡坎遍布，开采"宁乡式"铁矿遗留下来的未经处理的老硐和地表采坑众多，一些采坑深达数米，周边野草繁茂，草深过人，严重影响视线，小路既窄且滑，一旦意外掉入，后果严重。其次，车祸也是需要重视的另外一个问题。主要原因在于：一是填图区与厂矿区混杂，简易公路与地质踏勘路线重叠，车流量大且大车多；二是从闪星锑业招待所往返填图区一般需要租用中巴车或搭乘公交车，所经过的冷锡公路坡陡弯多，车流量大。最后是入住的招待所尽管经过改造，但安全人员和设施仍然不足，师生丢失财物之事时有发生。总之，矿山环境历来复杂，要求所有师生群防群守，确保师生人身安全和防止财物被盗。

鉴于锡矿山实习区的安全现状，下面四点必须做到：①必须在实习期间给全体师生购买人身意外保险；②师生必须共同严格遵守实习纪律；③要与闪星锑业和当地派出所密切协作；④要有相应的应急预案。

(一)禁止事项

为强调锡矿山地质填图期间纪律，确保师生安全，圆满完成各项实习任务，特制定以下十条禁止事项，要求务必严格执行。一旦违反禁止事项，实习成绩会受到严重影响，甚至直接判定为不及格，后果由个人自负，希望引起足够重视。

禁止事项：

(1)禁止组织或私自去河流、池塘等水域野泳。

(2)禁止私自在冷水江市和实习基地周边小旅馆及私人住所住宿。

(3)禁止未经向带队老师请假同意和备案即前往冷水江市购物游玩。

(4)禁止出入当地的麻将馆和KTV。

(5)禁止以各种不正常理由拒绝出野外。

(6)禁止晚上独自一人在矿区周边散步。

(7)禁止半夜不归、半夜不睡、喝酒闹事等一切扰民行为和乱丢垃圾等不卫生、不文明严重损害学校形象的行为。

(8)禁止出野外工作时戴墨镜、太阳镜、无线蓝牙耳机及晴天打伞等存在安全隐患的行为。

(9)禁止野外实习期未满，以各种理由提前离开锡矿山地质填图实习基地。

(10)为确保师生安全，经指导教师集体决策后认为有必要禁止的其他事项。

(二)风险及防患措施

在地质填图过程中，其他需要注意的风险及相应防患措施，请参考表1-3内容。

表1-3　地质填图中常见的安全隐患

风险类型	防患措施
从悬崖、陡坎、陡坡等危险区跌落	远离悬崖、陡坎、陡坡、采石场和排土场边缘及杂草丛生的巨石区域等危险区；不要过度依赖全球定位系统(北斗或GPS)，通过查看地形图识别陡坡和陡坎并规划路线；避免攀爬；远离地图上未标明的危险区域而不是冒险；不要冲下斜坡；在山上的浓雾和黑暗中要待在原地
被锤击时的落石和碎片击中	靠近悬崖、采石场时要戴防护头盔；不要进入不熟悉的矿井和洞穴；锤击时要始终戴安全护目镜并注意旁边观者和路人
被波浪、潮汐和洪水卷走而溺亡	远离海边、湖边和河边；查阅潮汐表；不要进入洞穴、矿井和地表有水的老采坑；不要试图穿过湍急的河流
迷路失联	至少两人一组，或密切联系；出野外前把当天路线的细节留在营地；穿鲜艳的衣服，随身携带手机、哨子、手电筒、打火机、LED闪光信号灯或镜子等来吸引路人或山地救援队的注意
温度骤降引起寒冷和体表失温	症状的表现包括身体不受控制地颤抖、体表失温、精力衰竭和神志不清；携带保暖衣服、雨衣、电热毯、火柴及应急口粮(如葡萄糖片和水等)
车祸	在狭窄的山路上开车要小心；在路边作业时要注意过往车辆并穿信号服；禁止酒后或服药后驾驶
野外遭遇雷击	当野外遇上雷雨天气时，要及时远离孤立的高大建筑物，如大树、信号塔、棚屋、岗亭等；要远离金属物体，尽量避开高旷地区，如山顶、狭窄的山谷等；不要使用手机；如果雷电就在头顶，不要乱动，在附近低洼处蹲下，双脚并拢，背要平，头要低下；山洞是躲避雷电的好地方

续表1-3

风险类型	防患措施
矿井中毒	在调查、进入旧矿老井、老窿、竖井、斜井、老采场、老采空区时，应预先了解有关情况，采取通风措施，并进行有毒、有害气体检测
其他	禁止单人从事地质填图作业，山区作业时两人间距离应不超出视线；禁止采、食不认识的野菜、野果；出野外时应穿长袖衣和长裤，扎紧袖口和领口，皮肤暴露部位涂搽防蚊药；行走时不要戴墨镜和太阳镜，也不要互相交谈和玩手机；拍照时要先确认个人安全

(三)常见事故及措施

1. 常见事故

(1)毒蛇咬伤。在南方山林地区和沼泽地多有蛇类(毒蛇)出没，野外地质人员容易被蛇咬伤。

(2)高处坠落。在悬崖峭壁、陡坎和老硐开展地质调查时，可能发生高处坠落事故。

(3)食物中毒。吃了腐败变质的食物和野果，除了会腹痛、腹泻，还伴有发烧等症状。

2. 事故处理及预防措施

(1)被毒蛇咬伤时迅速用布条、手帕、绷带等将伤口上部扎紧，以防止蛇毒扩散，然后将毒液吸出，并尽快前往附近医院做进一步治疗。预防蛇咬简单有效的方法是打草惊蛇，随身携带蛇药。

(2)有人坠落受伤时，应立即组织抢救，对伤者的伤口进行消毒止血。发现骨折时应就地取材，用竹木片当夹板将骨折部位夹好绑紧，送医院治疗。为了预防野外坠落受伤，上下悬崖峭壁、陡坎和老硐时禁止单人作业，系好安全带，壁顶和硐口要有人留守观察。

(3)误食食物发生中毒情况时，要多喝些盐水，也可以采用催吐的方法将食物吐出来，并及时送医院观察或救治。

(4)当遇到触电、溺水、中毒以及心脏病或癫痫发作时，呼吸可能停止，需要及时进行人工呼吸和心肺复苏。救护人应立即让被救人仰卧，迅速解开被救人的衣领和腰带，让被救人的后枕部紧贴地面，保证呼吸道在一条直线上。首先彻底清理被救人呼吸道内的分泌物和异物，使被救人头部尽量后仰，以保持呼吸道畅通，然后救护人站在其头部的一侧，用一只手的食指和中指按压住被救人鼻子，一只手把被救人的下颌往上抬，打开被救人的气道，救护人的嘴唇把被救人嘴唇包住，迅速往被救人的嘴里吹气2次，每次1~1.5 s，直至被救人胸廓抬起，然后按每分钟100~120次的频率进行胸外按压30次，胸外按压要快速、有力、深度5~6 cm。反复该动作，至少5个循环，不要轻易中断，吹气频率应保持在每分钟12~20次，呼气量为一次500~600 mL。人工呼吸持续到被救人能自主呼吸，恢复心跳时可停止，待其调整好后需及时送到医院就诊。

二、携带物品

锡矿山地质填图实习携带物品分为填图工具和生活物品两大类,详细清单参见表1-4。

表1-4 锡矿山实习地质填图工具及主要生活用品

地质填图工具	必用	《湖南冷水江锡矿山地质填图实习教程》(人手1册)、地质锤、罗盘、放大镜、地图夹/盒(保护野外手图)、野外记录本(标准规格1~2本)、厘米纸(规格为75 cm×50 cm,每人至少3张)、大量角器(直径10~20 cm)和大三角板(一个小组1套)、5 m钢卷尺(一个班级1个)、铅笔(2H和4H)、橡皮擦、小刀、标记标本的记号笔、帆布背包(或普通双肩包)、手机、笔记本电脑和填图区地形图1套(1:5000)
	选用	凿子(主要是采取岩石和化石样品)、地图比例尺、酸瓶(10%的稀盐酸,要标注清晰)、急救包、口哨、应急口粮、双筒望远镜、护目镜、手电筒、防晒霜、毛衣、打火机或火柴、激光测距仪
生活用品或文体用品	必用	洗浴及防晒用品、合格的野外服装(长袖衣、长裤和防滑登山鞋)、瓶装水、手套、遮阳帽、床单、雨伞或雨衣、创口贴、适量防暑降温用品
	选用	蚊帐、篮球、羽毛球等

野外填图至少需要3支质量好的石墨铅笔:一支硬质铅笔(2H或4H)绘制方位,一支软质铅笔(H或2H)绘制走向和在地形图上进行标注,再准备一支铅笔(2H或HB)仅用来在野外记录本上记录。野外记录本和厘米纸由各班班长组织统一购买,地形图需要按要求组织统一打印。在此特别提醒,锡矿山实习基地附近有大型超市,一般生活用品齐全,网购也十分方便,均可用微信和支付宝进行支付,不要带太多现金。

第二章

锡矿山矿田地质

第一节　概况

　　锡矿山位于湖南中部的冷水江市，以盛产锑矿而闻名于世。其锑的储量高达 211 万 t（大部分已被开采），超过国外锑矿的总储量（约 200 万 t），是世界上独一无二的超大型锑矿田，以其储量巨大、品位高、矿种单一而被誉为"世界锑都"。

　　锑（Sb）是银白色重金属，也是一种稀缺而重要的小金属。在常温下锑是一种耐酸物质，熔点 630.5 ℃，沸点 1590 ℃，性脆，无延展性，是电和热的不良导体，在常温下不易氧化。锑目前已经是现代工业的重要原料。锑精矿常用于制作锑锭、氧化锑和乙二醇锑。氧化锑在形成锑的卤化物的过程中可以减缓燃烧，因此常用于生产阻燃剂，主要用于塑料、橡胶、纺织、化纤等工业。锑金属的主要用途是制造合金。锑与锡的合金，具有较高的硬度、韧性和耐酸性，可用于制造蓄电池和特殊轴承，用于汽车、机动车和飞机等方面。锑金属还可作为炮弹和子弹里面的填充物；锑的化合物可用于搪瓷、油漆、颜料、医药和炸药等方面，是军火工业的原料之一；乙二醇锑还是聚酯反应的一种重要催化剂。因此，锑金属是提高国防装备和航空航天水平不可或缺的重要战略资源。

　　全球锑资源分布相对集中，截至 2022 年锑金属保有储量约 180 万 t，主要分布在中国、俄罗斯、玻利维亚和塔吉克斯坦等国家。中国的锑资源储量位于全球第一位，储量约为 35 万 t，已由 2013 年占全球储量的 52.78% 下降到 2022 年的 18.4% 左右。从全球看，锑资源极度稀缺，美国、日本、欧盟等国家和地区已将其列入关键矿产资源。从静态储采比看，全球锑金属储量仅能够满足 14 年的开采，而国内锑储量仅能够满足 6 年的供应。由于锑的主要下游应用场景为阻燃剂，回收难度较大，因此其是一种高度稀缺的不可再生金属。我国国土资源部（现自然资源部）2016 年的《全国矿产资源规划（2016—2020 年）》也将锑列入关键矿产资源。在我国，金属锑与稀土、钨、锡并称为四大战略资源，也是优势资源，但从稀缺性上看，锑要远高于其他三类。

🔵 第二节　锡矿山矿田的发现、勘查开发历史及研究现状

锡矿山得名于明末(约 1541 年)当地乡人上山耕作误认锑为锡的发现,当时即有开采冶炼,因所得非锡,故而遗弃。

光绪二十三年(1897 年),邹源帆被当时的湖南巡抚陈宝箴任命为湖南矿务局提调。邹源帆新官上任,同乡亲戚设宴祝贺。宴席上,邹"谈矿政甚豪",有人向他反映了锡矿山采炼锡矿不成的故事。宴罢回家,邹源帆查阅《宝庆府志》查到锡矿山有锡的记载,联系到炼锡失败的事情,他怀疑锡矿山的锡可能是被古人称作"连锡"的锑。邹源帆随后指派晏咏鹿和刘股斋前往勘查。为掩人耳目,奉命前往锡矿山探矿的晏咏鹿和新化琅塘的风水先生刘履斋,借口看风水,走进了锡矿山。在一个叫榛茶洞的地方,发现这里"矿石垒垒,榛茶间,似锡非锡,前明炼余之块犹有存者……取砂三十斤……运省验之"。经过法国人的分析化验,发现运到省城长沙的这些矿砂样品不是锡矿,而是一种叫"安得莫尼"(antimony)即锑的矿物,从此翻开了锡矿山作为"世界锑都"的历史,但锡矿山的名字一直沿用至今。

1897 年邹源帆、晏咏鹿和刘履斋合伙在锡矿山开办了中国首家锑厂——积善炼锑厂。从 1897 年至 1908 年,锡矿山的产锑量已占全世界产量的一半。1908 年王宠佑和梁鼎甫为湖南华昌公司赴法国购买了当时最新取得的冶炼硫化锑矿石的赫伦史密特(Herrenschmidt)挥发焙烧炼锑法专利,在长沙南门外建立了炼锑厂,开始收购低品位锑矿石提炼纯锑,开创了中国金属锑的生产工业。

第一次世界大战期间(1914—1918 年),因锑是制造榴霰炮弹的主要原料,又是军用防火材料的主要成分,锑价格飞涨,锡矿山当时采冶十分繁荣,鼎盛时期,采锑公司林立,有 130 余家,炼厂 30 余座,采冶工人达 10 万之众。锡矿山历经百年开采,缔造了无数财富传奇。中国工农红军第六军团曾经在锡矿山筹粮筹款(1935 年 11 月)。这里还诞生了湖南省第一个工矿企业党支部(1925 年 6 月)。

据霍有光统计,1912 年中国的锑产量占世界锑产量的 54%,而锡矿山产锑量占世界的36%。除 1944—1945 年间因日寇侵略停采外,矿山开采至今已 120 余年。新中国成立后在锡矿山开始的大规模采、选、冶建设,使锡矿山成为世界上最大的锑品生产和研发基地。

锡矿山锑矿地质调查研究始于 1915 年,至今已有 110 年的历史。总结矿山地质调查史,可以将其分为三个阶段。

第一阶段(1915—1945 年)为地表地质调查阶段。锡矿山是湖南省近代矿床地质调查最早的矿区之一。1915 年,美国人丁格兰(F. R. Tegengren)、A. S. Wheler,以及罗文柏和伊立生先后到锡矿山调查,并各著有一般性地质调查报告书,以丁格兰(1921)的调查报告较为详细。同年冬,瑞典人曾进入矿区开展近代地质调查,填制了第一张湖南省矿区地质图——新化县锡矿山锑矿图。1917 年,钟巍著有《新化锡矿山之调查》。20 世纪 20 年代末至 30 年代,我国老一辈地质学家王晓青、田奇镌、王曰伦、熊永先、王文先、张兆瑾、靳凤桐、刘基盘、白家驹、王宠佑、彭世俊等人先后来到锡矿山开展地质调查工作,并多有论著,其中王曰伦和张兆瑾合著的《湖南锡矿山锑矿地质》,对矿床地质进行了较为详细的描述和分析,并测绘了矿床的地形地质图。田奇镌在锡矿山创建了中国晚泥盆世地层标准剖面。40 年代,王植、

杨庆如、刘国昌、孟宪民、谢家荣等地质学家也先后在锡矿山开展地质调查，其中王植和杨庆如重新测制了"湖南新化锡矿山锑矿床地质图"和"湖南新化锡矿山锑矿地质构造图"，并且编制了矿山钻探计划。

第二阶段为大规模矿床地质勘探阶段。中华人民共和国成立以后，湖南省地勘单位对锡矿山开展了长达三十余年的锑矿勘查工作，前后进行了 3 轮的找矿工作。第一轮找矿是在1956—1966 年，原冶金工业部 234 地质队对已发现的飞水岩、老矿山和物华 3 个矿床的层状矿体进行了系统勘探，同时发现了童家院矿床，分别于 1959 年和 1969 年提交了《中华人民共和国锡矿山锑矿地质勘探中间报告书》和《湖南省新化县锡矿山锑矿田童家院地质勘探总结报告》。第二轮找矿是在 1968—1985 年间，原有色金属总公司 246 地质队在勘查中发现了飞水岩矿床层状矿体下面沿断裂带产出的脉状矿体，1985 年提交了《湖南冷水江市锡矿山锑矿田飞水岩矿床补充勘探地质报告》，提交新增锑金属储量 26.74 万 t。第三轮的找矿时间是1987—1993 年，针对北矿成矿的新特点，246 地质队开展了在矿田北部沿北西向断裂控制产出矿体的勘查，又提交了二十余万吨的锑金属储量。截至 1990 年底，经过原冶金工业部234 地质队和原有色金属总公司 246 地质队前后三十余年间的地质调查和勘探，累计探明锡矿山锑金属储量为 82.5 万 t。

伴随着大规模的地质勘探和矿山开采，锡矿山矿床的地质特征研究不断深入，大量矿床地质资料于 20 世纪 70 年代中后期及 80 年代初先后在内部或公开刊物上面世（黄大信，1975；湛锡霖，1976；王家植，1977；简厚明，1978；湛锡霖等，1978；崔振孝，1981；等等）。

第三阶段始于 20 世纪 80 年代初，直至今日，为矿床综合研究阶段。随着矿床资源量的探明和快速消耗，为缓解资源危机和增加储量，原地矿部、冶金部、有色金属总公司、中科院以及中南大学等高校单位围绕锡矿山的地质特征、成矿流体、矿床成因、成矿模式、找矿模型、煌斑岩脉和深部成矿预测等问题开展了大量的综合研究，代表性的成果主要有湖南地矿局地质研究所完成的《湖南省锡矿山锑矿地质特征及成矿规律》（1983，内部报告）、湖南地矿局 418 队《湘中地区锑矿地质》（1987）和地矿部宜昌地矿所完成的《湘中锑矿找矿方向研究》（史明魁等，1993）。

🌐 第三节　区域地质

锡矿山锑矿田位于湘中地区。本节区域地质概况主要论及湘中拗陷及周缘部分隆起（图 2-1）。

一、区域地层

湘中地区地层出露较全，除缺失中/上志留统、下泥盆统、中三叠统、上侏罗统及第三系上统外，其他地层均有出露，以元古界—上古生界最为发育（湖南地矿局，1988）。

（一）元古界

冷家溪群（Pt_2ln）：为区内已知最老地层，主要见于拗陷边缘隆起区，如北部雪峰山地区及湘东北地区，拗陷内部没有直接出露。由浅灰、浅灰绿色浅变质细粒碎屑岩、黏土岩及含

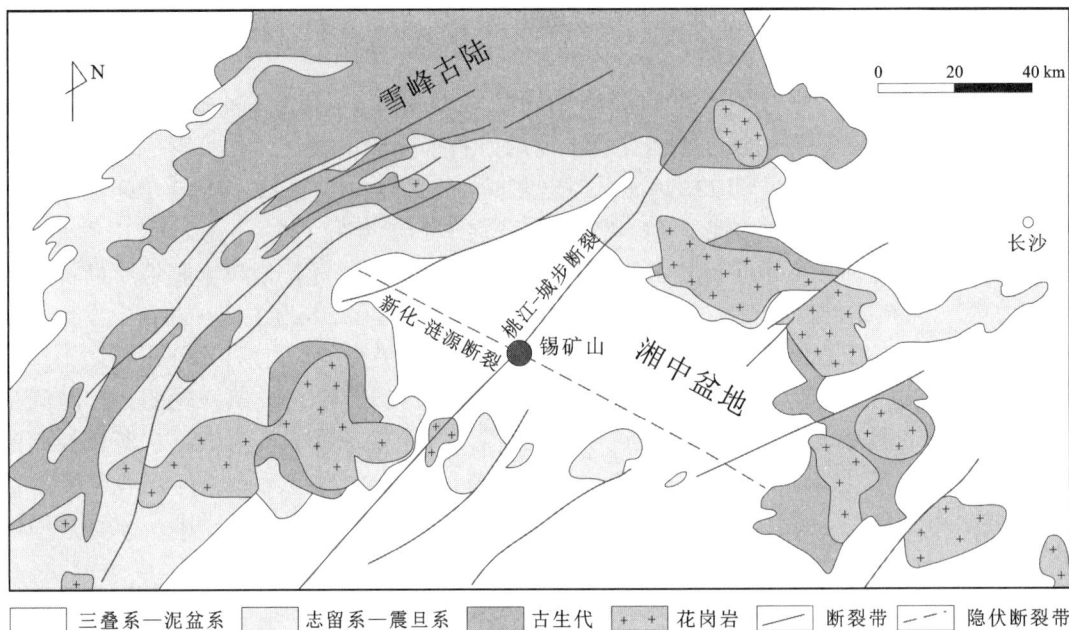

图 2-1　锡矿山矿田区域地质图

凝灰质细粒碎屑岩组成的一套复理石建造。局部夹基性、中酸性火山熔岩，底部夹白云岩、灰岩等钙质沉积物。尚未见底，厚度>2500 m。

板溪群(Pt₃bn)：主要分布于雪峰山区，湘中拗陷内仅双峰、城步一带有零星出露。由浅变质砂砾岩、长石石英砂岩、砂岩、板岩、凝灰岩组成，属类复理石建造，局部含基性、中酸性火山岩及碳酸盐岩和碳质板岩。分为马底驿组(Pt₃m)和五强溪组(Pt₃w)，分别对应两个沉积旋回。以湘潭、溆浦、黔阳一线为界分为南北两个地层区，北区俗称"红板溪"，以紫红色浅变质碎屑岩为特征，与冷家溪群呈角度不整合接触，厚达752～3802 m；南区俗称"绿板溪"，以灰绿色、浅灰色浅变质碎屑岩为特征，与冷家溪群呈假整合接触，总厚度3290～4757 m。

震旦系(Z)：分布于雪峰山区及湘中拗陷内次级隆起中。可分为下统(江口组、湘锰组和洪江组)和上统(金家洞组、留茶坡组)共五个组。下统主要由反映海洋冰川沉积和正常海洋-海洋冰川混合沉积的冰碛砾泥岩、冰碛粉砂岩、含砾板岩或粉砂岩、板岩组成，夹少量间冰期黑色碳质板状页岩、含锰碳酸盐岩、锰矿层及砂页岩。上统为温暖气候条件下沉积的硅质岩、黑色板状页岩、碳酸盐岩和少量磷块岩。偶见基性火山岩。总厚度77.3～5664 m。各组间为连续沉积，与板溪群呈假整合、微角度不整合及整合接触关系。

（二）下古生界

寒武系(Є)：主要分布于雪峰山隆起区东南侧以及拗陷内龙山—白马山、越城岭—牛头寨—关帝庙等穹窿。以桃江—靖县为界分为雪峰山和涟源—双峰两个地层小区。下寒武统以硅质、碳质建造为主，中、上寒武统则以碳酸盐岩建造为主。由北至南，岩性发生变化，碳质、泥砂质组分增高。

奥陶系(O)：分布范围同寒武系。分为上、中、下三统六个组，岩性以碎屑岩为主，夹碳酸盐岩。总厚度 500~1000 m。

志留系(S)：散布于雪峰山东南侧安化、溆浦、城步一带，仅发育下统周家溪组，为巨厚(723~4000 m)的浅变质泥砂质类复理石建造。上志留统缺失。

下古生界各系之间及与震旦系之间为整合接触，反映连续沉积的特征。下志留统与上覆中泥盆统之间为角度不整合接触。

(三)上古生界

泥盆系(D)：下统缺失，中统中下部的跳马涧组属滨海–陆相碎屑岩建造，自中统上部棋梓桥组到上统佘田桥组、锡矿山组属浅海碳酸盐岩建造。区域上，由南到北，碳酸盐岩沉积物含量逐渐减少，泥砂质碎屑岩含量逐渐增加，由滨海相变为陆相碎屑沉积。

石炭系(C)：地层发育完整，分布广泛，属湘中南地层区，以通道—溆浦—韶山—衡山一线为界分为涟源—临武小区和溆浦—浏阳小区。涟源—临武小区为浅海碳酸盐岩沉积，局部夹石膏以及含煤碎屑岩沉积，是湖南重要的含煤地层。各统、组、段间连续沉积，局部可见超覆现象。

二叠系(P)：在湘中拗陷内分布广泛。湘中南地层区以新化—醴陵一线(北纬27°40′)为界分为新化—浏阳小区和邵阳—耒阳小区。在新化—浏阳小区，上、下统间具沉积间断，上统为碳酸盐岩，夹含煤碎屑岩，下统上部为碳酸盐岩，总厚达 872~2246 m。而邵阳—耒阳小区二叠系属连续沉积，下统上部为含铁锰质硅质岩和页岩，上统为含煤碎屑岩，顶部为硅质、泥质岩石，总厚达 273~1860 m。

(四)中生界

三叠系(T)：下统保存不全，以碳酸盐岩为主，夹砂页岩，分布于涟源、邵阳一带，厚达 30~958.7 m；上统在湘中—湘东地区发育完全，为碎屑岩建造，含多层煤层，厚达 1512~1853 m。

侏罗系(J)：下侏罗统下部为海陆交互相含煤沉积，下侏罗统上部至中侏罗统为陆相沉积，总厚为 701~1210 m。上侏罗统缺失。

白垩系(K)：属陆相沉积。下统主要为滨湖、浅湖相紫红色砂泥岩以及山麓相砂砾岩，局部夹盐湖相沉积；上统岩相复杂。厚达 227~2983 m。

二、区域构造

雪峰弧形隆起带、湘中后加里东拗陷以及拗陷内一系列次级隆起构成了湘中地区区域构造格局(图 2-1)。

湘中拗陷盖层主要为上古生界，次之为中生界。盖层构造形成于印支—燕山期。盖层褶皱在平面上表现为短轴状宽缓向斜和其间相隔的紧闭背斜。

本区基底构造表现为由 NE、NW 向两组深断裂构成的"条"和其间的"块"基底块体格局，深断裂存在岩石圈断裂、地壳断裂和基底断裂三个层次。基底块体多呈穹窿状，分布于拗陷区内。

锡矿山矿田位于 NE 向的桃江—城步岩石圈断裂带和 NW 向的新化—涟源隐伏深断裂的交汇部位(图 2-1)。桃江—城步深断裂带为湘中地区乃至整个华南地区最重要的岩石圈及地壳构造变异带,走向 NE40°,倾向 NW,倾角在 80° 左右。新化—涟源隐伏深断裂走向 NW300°~310°,倾向 NNE。

桃江—城步岩石圈断裂被认为是扬子板块和华夏板块之间的挤压碰撞带,该带可能形成于武陵—雪峰期,长期活动,控制了加里东期、后加里东期沉积相和沉积厚度的变化。

三、区域岩浆岩

前寒武纪岩浆岩:主要为基性、中基性、中酸性熔岩,火山碎屑岩次之。零星分布于雪峰山隆起区及湘中拗陷内部次级隆起上。

古生代岩浆岩:以加里东期酸性岩浆的大规模侵入活动为特征,晚古生代未有岩浆活动显示。加里东期花岗岩体分布总面积达 3576 km^2,主要分布于白马山—龙山 EW 向隆起带及苗儿山、越城岭地区,呈岩基状产出。

中生代岩浆岩:印支期岩浆活动除湘西黔阳一带有基性-超基性岩脉侵入外,整个湘中地区主要表现为燕山期大规模的酸性岩浆侵入活动,形成岩基或岩株,出露总面积达 3313.5 km^2。燕山期岩浆活动与湘中锑矿床之间存在一定的空间联系。

四、区域矿产

湘中地区为华南最重要的锑矿集中区,锑矿产地多达 173 处。重要锑矿床有锡矿山超大型锑矿、沃溪金-锑-钨矿、板溪锑矿、渣滓溪锑矿、西冲金-锑矿、龙山金-锑矿、符竹溪金-锑矿等。湘中地区锑矿储量占湖南全省总储量的近 99%,并且主要集中在锡矿山锑矿田。此外还有金、铅锌、黄铁矿、锰、煤、重晶石、石膏等矿产。

🌑 第四节　矿区地层

锡矿山矿区出露的地层主要是晚泥盆世和早石炭世的地层,它们发育完整、化石丰富,是研究华南同时期沉积的理想地区之一,尤其是上泥盆统锡矿山组更是全国地层分类的标准。其沉积物以海相碳酸盐为主,碎屑岩为次。各组之间皆为整合接触。地层层序列表如表 2-1 所示。

表 2-1　锡矿山地区地层层序表

下石炭统	大塘阶	梓门桥组(C_1z)
		测水组(C_1c)
		石磴子组(C_1s)
	岩关阶	刘家塘组(C_1l)
		孟公坳组(C_1m)
		邵东组

续表2-1

上泥盆统	锡矿山阶	锡矿山组(D_3x)	欧家冲段(D_3x^5)	
			马牯脑段(D_3x^4)	
			泥塘里段(D_3x^3)	
			兔子塘段(D_3x^2)	
			陶塘段(D_3x^1)	长龙界段
	佘田桥阶	佘田桥组(D_3s)	泥灰岩段(D_3s^3)	
			七里江段(D_3s^2)	
			龙口冲段(D_3s^1)	
下伏地层：中泥盆统棋梓桥组(D_2q)				

一、中泥盆统(D_2)

棋梓桥组(D_2q)

棋梓桥组在锡矿山矿田地表没有出露，只见于井下和钻孔，位于佘田桥组龙口冲段砂岩之下。棋梓桥组厚约375.8 m，分为上下两段。

上段的中上部由灰、深灰色厚层含生物碎屑微晶灰岩、生物碎屑灰岩、球粒微晶灰岩，纹层状灰岩和粗粉晶-细晶白云岩等组成的律层，生物数量少、个体小，门类单调，蓝绿藻等较发育，厚253.2 m。上段的下部由浅灰色块状生物礁灰岩及白云岩化生物礁灰岩组成，无层理，生物十分丰富，造礁生物为层孔虫和床板珊瑚，附礁生物有腕足类、棘皮类、珊瑚和瓣鳃类等，蓝绿藻也较为发育，厚23.7 m。

中泥盆统棋梓桥组下段的上部为中薄层灰色含生物屑泥质条带灰岩及瘤状灰岩，厚24 m。中部由厚至薄层生物屑微晶灰岩、泥质微晶灰岩及泥灰岩组成，夹2~3层主要由球状或丛状群体珊瑚组成的生物灰岩层，向下泥质增高，夹钙质粉砂岩夹层，厚42.9 m。下部为灰、深灰色中薄层含粉砂质泥岩夹泥灰岩结核或透镜体，向上钙质增高，厚32 m。

此段中广海底栖生物极其丰富，特别是中上部碳酸盐岩中，种属多，个体大，保存较完整，典型组合为 *Endophyllum-Stringocephulus*。常见生物有：珊瑚、腕足类、瓣鳃类、苔藓虫、层孔虫、腹足类、棘皮类、介形虫和有孔虫等。总厚98.9 m。

二、上泥盆统(D_3)

矿区的上泥盆统分布极为广泛，几乎占本地区地层的全部。上泥盆统包括下部佘田桥组和上部锡矿山组。现由老至新分别简述。

(一)佘田桥组(D_3s)

佘田桥组系1933年田奇镌(1899—1975)命名于邵东佘田桥。该组以碳酸盐沉积为主，依据岩性和化石，自下而上可分为龙口冲段、七里江段和泥灰岩段三个段。

（1）龙口冲段（D_3s^1）：本段在地表未出露，位于佘田桥组的下部，为一套中细粒含云母石英砂岩，厚 52 m，分为上、下两个部分，含珊瑚和腕足类化石。下部珊瑚化石主要有 *Sinodisphyllum* sp.，*Spinatrypina* sp.，腕足类化石主要有 *Cyrtospirifer* sp.，*Spinatrypina* cf.，*Athyris gurdoni*；上部珊瑚化石主要有 *Sinodisphyllum* cf. *simplex*.，*Pseudozaphrentis* sp.，*Donia* sp.，腕足类化石主要有 *Cyrtospirifer* sp.，*Tenticospirifer* sp.。该段上、下部珊瑚、腕足类组合与佘田桥组泥灰岩段和七里江段相同，是湘中南及华南晚泥盆世早期典型的生物组合。

（2）七里江段（D_3s^2）：位于佘田桥组的中部，主要为灰色、灰黑色薄层、中厚层至厚层灰岩，其中夹多层黑色页岩。厚度大于 300 m。本段上部多硅化成似层状的硅化灰岩，部分被 SiO_2 完全交代成石英岩（硅化岩或交代石英岩，新生石英含量大于 75%），是锑矿床的赋存层位；其下部产珊瑚 *Pseudozaphrentis* sp.，*Sinodisphyllum* cf. *simplex* 和腕足类 *Atrypa* cf. *grassheimi*，*Spinatrypina* sp.，*Desquamatia* sp.，*Tenticospirifer* cf.，*Cyrtospirifer* sp.；其上部产珊瑚 *Phillipsastraea* sp.，*Sinodisphyllum* cf. *simplex*，*Hexagonaria orientalis*，*Disphyllum cylindricum* 和腕足类 *Atrypa* cf. *grassheimi*，*Spinatrypina* sp.，*Tenticospirifer* sp.，*Cyrtospirifer* sp. 等。本区晚泥盆世佘田桥中期应处在礁后有时较为通畅的局限台地环境。

七里江段（D_3s^2）为锡矿山锑矿田的主要含矿层位。王曰伦先生将其定名为七里江砂岩，王植等调查后则认为"原称砂岩者实为灰黑色泥质灰岩夹页岩层硅化之结果也"，因而称其为"七里江硅化灰岩"。后经系统研究后发现，七里江段（D_3s^2）地层岩性较为复杂，主要岩性有灰岩、白云岩类（包括微晶灰岩、生物碎屑灰岩、白云质灰岩、白云岩、泥晶灰岩、粉砂质灰岩、泥灰岩等岩性）、页岩类（包括粉砂质页岩和钙质页岩）和粉砂岩、砂岩类岩石。三类岩石呈韵律状互层。根据岩性特征将佘田桥组七里江段地层划分为 27 个岩性层（D_3s^{2-1} ~ D_3s^{2-27}，自上而下），每个岩性层的岩性特征及厚度见表 2-2。

根据岩性组合、赋矿特征以及矿体产状可以将含矿岩系的岩性层归并为三个部分，上部由 D_3s^{2-1} ~ D_3s^{2-6} 组成，以 D_3s^{2-6} 黑色页岩为标志层，为Ⅰ号矿体赋存层位；中部由 D_3s^{2-7} ~ D_3s^{2-10} 组成，以 D_3s^{2-10} 的黑色薄层页岩、泥灰岩为标志层，为Ⅱ号矿体的赋存层位；下部由 D_3s^{2-11} ~ D_3s^{2-27} 组成，为Ⅲ号矿体的赋矿层位。页岩普遍含矿性差，被普遍认为是矿体的遮挡层。作为矿化围岩的硅化岩，其原岩既有灰岩、白云岩类岩石，也有粉砂岩、砂岩类岩石，还包括少量泥质岩，但以灰岩、白云岩类最为重要。含矿岩系七里江段（D_3s^2）按不同岩性厚度统计，灰岩、白云岩类占 82.5%，砂岩类占 8.0%，泥质岩类占 9.5%，灰岩、白云岩类为主导岩性。硅化的地层原岩以灰岩为主，由于野外及肉眼鉴定硅化岩的原岩非常困难，本次锡矿山地质填图实习将七里江段（D_3s^2）的岩性统称为硅化灰岩或硅化岩，不再进一步细分。

早期强硅化岩（交代石英岩）：灰色-灰黑色，风化后灰白-灰黄色，一般不显层理，致密坚硬，锤击冒火花，具贝壳状断口。呈显微-细粒变晶结构、交代结构、隐晶质变晶结构，块状构造。矿物成分以新生的交代石英为主，呈他形-半自形、隐晶-微晶粒状集合体，含量为 75% ~ 99%。粒径为 0.01 ~ 0.05 mm，部分达到 0.25 mm。其原岩为碳酸盐类岩石时，石英晶粒中常见含有碳酸盐矿物的残余；当原岩为碎屑岩时，则为残余砂（粉砂）状结构，且有少量的水云母、锆石、独居石和榍石等陆源物质。

表 2-2　锡矿山矿田含矿岩系特征及划分表

组	段	分层号	柱状图	厚度/m	岩性及矿化特征
佘田桥组（D₃s）	上段	D_3s^3		10.00	以钙质页岩为主，夹少量薄层泥灰岩
	中段（D_3s^2）	D_3s^{2-1}		1.68	灰黑色泥晶灰岩，强烈硅化，辉锑矿多沿层间节理、裂隙充填，为Ⅰ号矿体主矿层
		D_3s^{2-2}			
		D_3s^{2-3}			
		D_3s^{2-4}			
		D_3s^{2-5}		2.29	灰色、浅灰色薄层肠状生物碎屑泥晶灰岩及鲕粒灰岩与钙质页岩互层
		D_3s^{2-6}		5.54	灰色中-厚层泥晶灰岩与纹层状灰岩互层，见硅化及弱矿化
		D_3s^{2-7}		0.65	灰色石英粉砂质页岩，夹生物碎屑灰岩条带或透镜体
				1.30	深灰色中厚层状生物碎屑灰岩，上部见硅化及矿化
				0.52	灰黑色（含）石英粉砂质页岩
		D_3s^{2-8}		27.27	分20小层，由灰色薄-厚层状泥晶灰岩与钙质不等粒石英砂岩或含砾屑灰岩不等厚互层组成，为Ⅱ号矿体的主矿层
		D_3s^{2-9}		14.70	灰色纹层状白云质灰岩，顶部为（含）竹节石灰岩
		D_3s^{2-10}		4.05	灰色、浅灰色微晶-薄层状泥晶含砾屑灰岩，顶面见疙瘩状、瘤状生物碎屑灰岩
		D_3s^{2-11}		2.55	上部为深灰色钙质石英粉砂质；中部为条带状灰岩；下部为灰黑色页岩
		D_3s^{2-12}		7.91	深灰色厚层状泥晶生物碎屑灰岩，中部为瘤状泥晶生物碎屑灰岩
		D_3s^{2-13}			
		D_3s^{2-14}		0.60	深灰色含石英粉砂质页岩
		D_3s^{2-15}		1.20	灰-深灰色厚层状泥晶灰岩
				4.70	上部为深灰色厚层石英粉砂岩；下部为含石英粉砂质页岩
				40.34	灰色、深灰色厚层、块状含生物碎屑泥晶灰岩及层孔虫灰岩，为Ⅲ号矿体的主矿层
		D_3s^{2-16}		2.70	上部为深灰色薄层状、条带状含云母泥质粉砂岩与白云质粉砂岩互层；下部为深灰色水云母页岩夹生物碎屑泥晶灰岩透镜体
		D_3s^{2-17}		23.75	深灰色厚层状含生物碎屑泥晶灰岩，见硅化及弱矿化
				12.25	顶部为灰黑色含碳质泥灰岩；中部为泥晶灰岩夹页岩，见硅化及弱矿化。底部为含钙质粉砂质页岩
				14.78	深灰色厚层状层含生物碎屑亮晶灰岩，顶部见硅化
		D_3s^{2-18}		6.19	灰黑色薄层状含生物碎屑泥晶灰岩夹含碳粉砂质页岩，下部为砾屑灰岩
		D_3s^{2-19}		1.25	深灰色中-厚层状层孔虫泥晶灰岩
				9.53	中上部为深灰色含粉砂质白云质泥晶灰岩；下部为层孔虫灰岩；底部为钙质石英粉砂岩
		D_3s^{2-20}		2.75	深灰色厚层状层孔虫细晶灰岩，见白云岩化
		D_3s^{2-21}			
		D_3s^{2-22}		3.85	灰色薄-中厚层状含钙质石英粉砂岩，底部为深灰色含碳质泥岩
		D_3s^{2-23}		13.07	上部为深灰色含粉砂质、含生屑灰岩；中下部为生物碎屑泥晶灰岩夹碳质页岩；底部为含碳泥质灰岩
		D_3s^{2-24}			
		D_3s^{2-25}		2.66	深灰色中-厚层含钙、碳、泥质石英（细）粉砂岩，中部夹生物灰岩
		D_3s^{2-26}		2.80	灰黑色厚层块状层孔虫细晶灰岩，强烈硅化
		D_3s^{2-27}			
	下段	D_3s^1		27.55	深灰色薄层状含碳、泥质石英粉砂岩

硅化岩大多呈块状构造，他形、半自形、微晶状结构，几乎全由石英组成。石英颗粒细小，大部分仅具光性反应，并有泥质、碳质等残留，从化学成分上看，SiO_2 含量可高达 90%，或更高，见表 2-3。

表 2-3　锡矿山硅化灰岩与原岩成分(质量分数)对比表　　　单位: %

样号	硅化灰岩(硅化岩)		泥晶灰岩	样号	硅化灰岩(硅化岩)		泥晶灰岩
	S9314	S9324	S9349		S9314	S9324	S9349
SiO_2	94.32	89.85	4.16	TiO_2	0.08	0.08	0.02
Al_2O_3	1.71	1.36	0.78	Fe_2O_3	0.12	1.10	0.26
FeO	1.13	1.34	0.27	MnO	0.005	0.005	0.009
MgO	0.15	0.03	0.05	CaO	0.62	2.45	53.03
K_2O	0.43	0.12	0.06	Na_2O	0.05	0.04	0.06
P_2O_5	0.018	0.020	0.033	灼失	0.56	2.23	41.32
H_2O^+	0.56	0.66	0.36	F	0.029	0.016	0.036
Cl	0.081	0.116	0.053	SO_3	0.11	2.45	0.85
$Sb(\times 10^{-6})$	125	424	16.6				

硅化岩普遍发育各种交代残余结构和构造,如交代残余层状构造、交代残余纹层状构造、交代残余缝合线构造,和交代残余碎屑结构、交代残余白云质灰岩结构、交代残余砂状(粉砂)结构、交代残余生物结构、交代残余生物屑结构、隐晶质变晶结构等,反映了硅化岩原岩的复杂性。各种灰岩(泥晶灰岩、生物碎屑灰岩、白云质灰岩、含碳质灰岩等)、泥页岩、粉砂岩均可构成硅化岩的原岩。

硅化过程可能是高温热水/低温热液交代/溶解的过程,SiO_2 大量带入,原岩中的 $CaCO_3$ 被大量溶解带出,导致原岩成分发生了巨大改变,溶解过程导致溶孔、孔洞的大量形成[图 2-2(d)],成为良好的容矿空间。在七里江段(D_3s^2)硅化灰岩(硅化岩)可见珊瑚化石被溶解,呈孔洞状,被辉锑矿充填。

(3)泥灰岩段(D_3s^3):位于佘田桥组的上部,以灰色、灰黑色泥灰岩、瘤状泥质灰岩为主,夹多层生物灰岩或生物碎屑灰岩[图 2-3(c)(d)]及钙质页岩,厚 25~40 m。含大量生物化石,以四射珊瑚(图 2-4)和腕足动物(图 2-5)为主,层孔虫(图 2-4)、苔藓虫等其他门类次之。

内产珊瑚: *Phillipsastraea macouni*, *Hexagonaria* sp., *H.* cf. *orientalis Donia* sp., *Disphyllum cylindricum*, *Pseudozaphrentis difficile*, *Sinodisphyllum simplex*, *Hunanophrentis uniforme*, *Mictophyllum* sp.。无洞贝类: *Atrypa* cf. *grassheimi*, *A. desquamata*, *Spinatrypina* sp., *Spinatrypa* sp., 出现在志留纪至晚泥盆世早期。石燕贝类: *Cyrtospirifer* sp., *Tenticospirifer* cf. *komi*, *Hunanospirifer* cf. *ninghsiangensis* 等。上述无洞贝和弓石燕组合是湘中南及华南佘田桥组或相当地层的可靠腕足组合,并与国外的弗拉阶腕足动物群可以对比。牙形刺类: *Polygnathus* sp., *Hindeodella* sp., *Neoprioniodus* sp.。

湘中和华南乃至世界各地均以无洞贝类繁盛或生存的顶界作为弗拉阶顶界。综上所述,本区老江冲的泥灰岩段相当于国外弗拉阶或佘田桥阶的顶界。

（a）～（b）独立小屋的硅化灰岩露头及其中的辉锑矿化，部分辉锑矿已氧化成黄锑矿；
（c）聂家冲的角砾状硅化灰岩被晚期形成的方解石脉胶结充填；（d）聂家冲的硅化灰岩及溶蚀孔洞。

图 2-2　锡矿山七里江段（D_3s^2）硅化（灰）岩野外露头和手标本照片

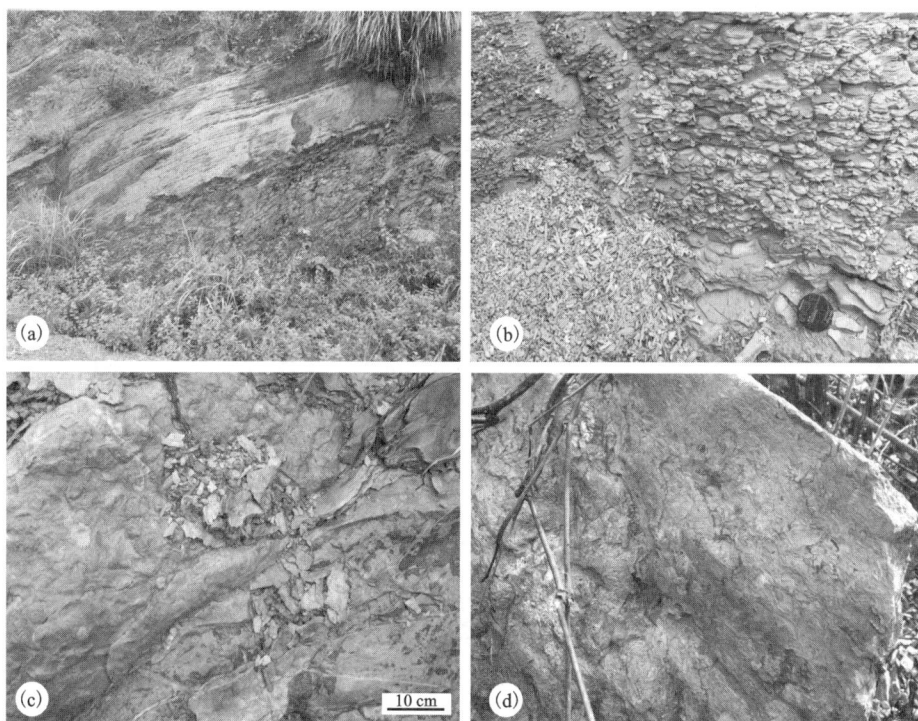

图 2-3　锡矿山陶塘段（D_3x^1）和泥灰岩段（D_3s^3）的露头照片

扫一扫，看彩图

图 2-4 艳山红佘田桥组泥灰岩段中的珊瑚和层孔虫化石

扫一扫，看彩图

10 mm

图 2-5 兰田湾佘田桥组泥灰岩段中的腕足动物化石

(二)锡矿山组(D₃x)

锡矿山组系 1938 年由田奇㻞命名于新化(今冷水江市)锡矿山。该组明显分为上、下两部分，下部以海相碳酸盐沉积为主，夹著名的"宁乡式"鲕状赤铁矿，盛产腕足类化石；上部为陆源滨海相碎屑岩沉积，含丰富的植物化石及少量腕足类、鱼化石等。总厚 400~530 m。依据岩性特征，由下至上可划分为五个岩性段。

(1)陶塘段(D₃x¹)：以灰绿、黄绿、灰色钙质页岩[图 2-3(a)(b)]为主夹结核状、条带状泥灰岩。它的特点是以 *Yunnanellina-Yunnanella* 动物群取代了无洞贝和珊瑚组合。它的中上部以 *Yunnanellina hanburyi*(附录第七部分)，*Yunnanella* sp.，*Tenticospirifer* cf.，*Cyrtospirifer* sp. 为代表。*Yunnanellina-Yunnanella* 动物群出现就是法门阶出现的重要标志。

这里应该指出的是，位于佘田桥组七里江段之上，锡矿山组兔子塘段之下的一套地层(即包括泥灰岩段和陶塘段)，曾被称为长龙界段。所谓长龙界段，它是由田奇㻞划分湘中锡矿山组时所建立的作为该组最低的一个岩性段。根据"长龙界段"的岩性和化石特征，它实际上包括了两个时代不同的岩性段。长龙界段下部以泥灰岩为主，含费氏星珊瑚和无洞贝等化石，从生物组合分析来看，都是华南晚泥盆世早期佘田桥组的生物群落；而长龙界段上部以钙质页岩为主，含有大量的以云南贝为特色的腕足类化石，几乎未见珊瑚化石。云南贝是我国南方晚泥盆世晚期锡矿山组的特有化石。因此"长龙界段"的术语不能沿用，应当重新命名。这里暂且用"泥灰岩段"代表原"长龙界段"的下部，归入佘田桥组；用"陶塘段"代表原"长龙界段"的上部，仍归锡矿山组。它们之间以一层 0.7~1.5 m 的含铁生物介壳灰岩为界。

陶塘段的页岩位于硅化带的上部，渗透性差，是锡矿山矿田很好的屏蔽层，可以有效防止成矿流体散失，有助于含锑成矿流体在其下伏的渗透性好的七里江段硅化灰岩中沉淀成矿。

（2）兔子塘段（D_3x^2）：以灰黑色中厚层至厚层灰岩为主，内含有机质较多。下部为灰色中厚层具有棕色铁质斑点含生物碎屑结晶灰岩（图 2-6），发育有斜层理；中部为灰黑色中厚层至厚层叠层状灰岩；上部为灰黑色、深灰色薄层至中厚层泥质灰岩夹黑色碳质页岩，泥质灰岩风化后呈瘤状脱落，瘤体大小悬殊，泥质胶结。本段厚 18~40 m。

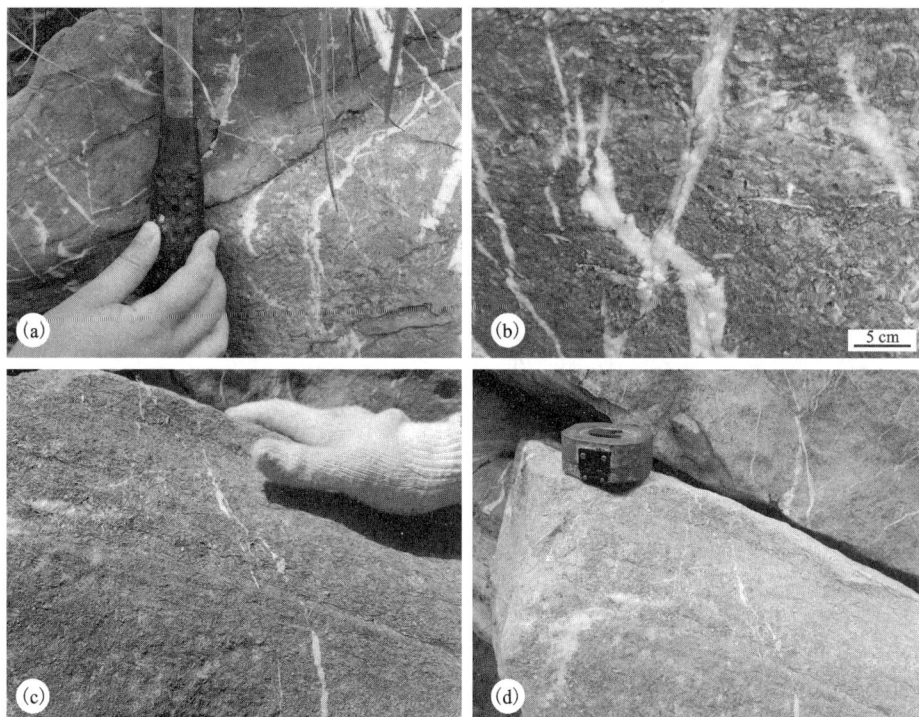

图 2-6 锡矿山兔子塘段（D_3x^2）棕色铁质斑点灰岩露头照片

扫一扫，看彩图

灰岩中主要含腕足动物化石，该灰岩下部以 *Yunnanellina* 为主，而上部以 *Yunnanella* 为主。腕足类计有 *Yunnanellina triplicata*，*Yunnanellina hanburyi*，*Yunnanellina uniphcata*，*Athyris gurdoni*，*Athyris hubanensi*，*Yunnanella synplicata*，*Yunnanella hsikuangshanensis*，*Tenticospirifer* cf.；苔藓虫有 *Schulgina* sp.。

（3）泥塘里段（D_3x^3）：以黄褐色、灰绿色钙质页岩或泥灰岩及薄层砂岩为主，中夹"宁乡式"鲕状赤铁矿一层[图 2-7（a）（b）]。铁矿层有时相变为含铁砂岩[图 2-7（c）（d）]，常发育交错层理及大量生物介壳,厚层变化一般为 1~3 m。本段厚 17~25 m。泥塘里段厚度小,岩性稳定,与上下层位的灰岩层差别明显,容易识别,可作为填图时的标志层。产腕足类 *Yunnanella supersynplicata*,*Tenticospirifer* cf. *vilis*,*Athyris* cf. *gurdoni*,*Productellana* cf. *linglingensis*,*Schuchertella* sp. 和苔藓虫 *Multiphragma multiseptum*,*Rhombopora* sp. 等。

图 2-7 锡矿山泥塘里段(D_3x^3)"宁乡式"铁矿和铁质砂岩露头照片

扫一扫,看彩图

(4)马牯脑段(D_3x^4):本段以灰至深灰色中厚层至厚层灰岩为主,厚度较大,是测区出露最广的地层。其岩性可分为四部分:底部为黄褐色泥灰岩;下部为灰黑色厚层至巨厚层纯灰岩与瘤状灰岩互层,还夹数层圆柱状同生砾的灰岩层,缝合线发育;中部为中厚层不纯灰岩夹 2~3 层砂质灰岩;上部为灰黑色厚层状夹瘤状灰岩,缝合线发育,常含有黄铁矿(图 2-8)。厚 190~290 m。所含化石仍以腕足类为主(附录第七部分;图 2-9),以产极丰美的 *Yunnanella* 动物群为特色。此外,还有苔藓虫、牙形刺、珊瑚、海百合和瓣鳃类等。

腕足类计有 *Yunnanella synplicata*,*Y. abrupta*,*Y. hsikuangshanensis*,*Y. uncinuloides* var. *subpentaplicata*,*Y. hunanensis*,*Y. wangi*,*Yunnanellina triplicata*,*Y. uniplicata*,*Y. hanburyi*,*Tenticospirifer* cf. *kwangsiensis*,*T. hsikuangshanensis*,*T. vilis*,*Hunanospirifer wangi*,*Athyris subplana* 等。苔藓虫有 *Schulgina hunanensis*。牙形刺有 *Palmatolepis rhomboidea*,*Semicostatus* 等。马牯脑段的下部产珊瑚 *Pseudozaphrentis*,*Hunanophrentis* cf. *uniforme*。这些动物群及其组合可以与国外法门阶直接进行对比。

(5)欧家冲段(D_3x^5):以陆缘滨海相砂页岩沉积为主。由下至上可分为二部分:下部为

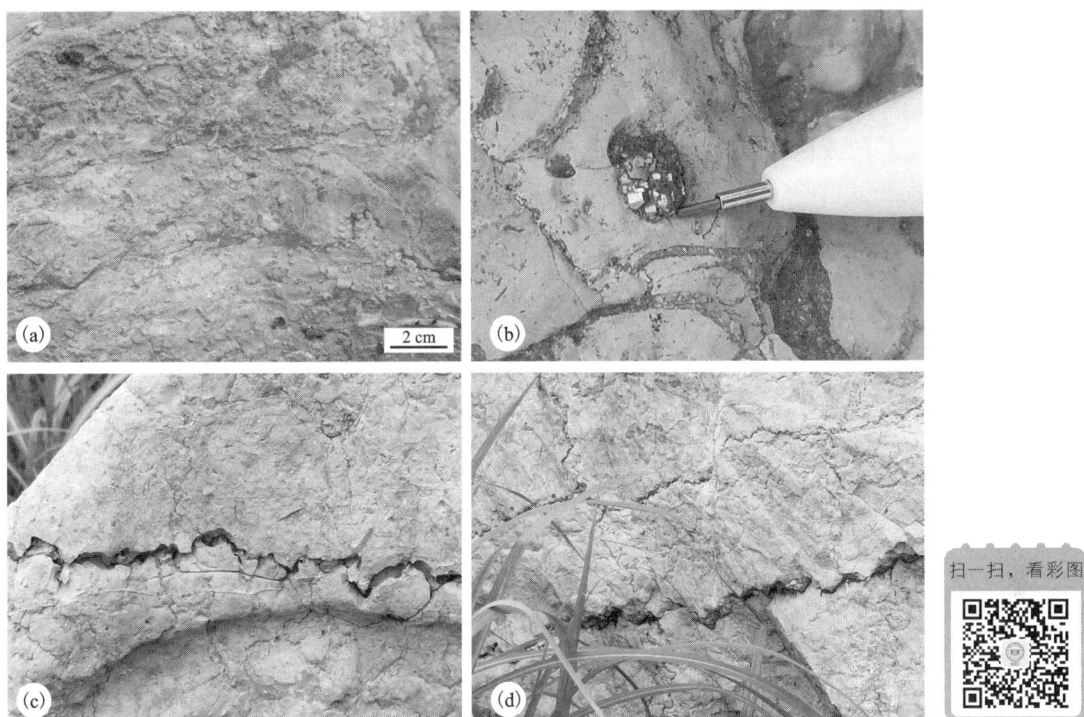

图 2-8　锡矿山马牯脑段（D_3x^4）灰岩中发育的黄铁矿结核和缝合线构造

黑色、灰黑色、黄绿色页岩及细砂质页岩夹薄层或透镜状泥质灰岩，有时还夹粉砂岩及薄层砂岩，层面间富含云母；上部砂质成分增加，为薄层及中厚层石英砂岩、粉砂岩与页岩互层，砂岩层面上发育波痕，常见白云母。本段厚度约 116 m。产丰富的植物化石及少量腕足类、牙形刺、鱼化石、介形虫等。植物化石计有：*Lepidodendropsis hirmeri*，*Hamatophyton verticillatum*，*Cyclostigma kiltorkense*，*Lepidostrobus grabaui*，*Sublepidodendron mirabile* 等；鱼化石有 *Bothriole* sp.；腕足类有 *Cyrtospirifer*，*Tenticospirifer*，*Lingula* sp.。

图 2-9　锡矿山组马牯脑段泥灰岩中的石燕化石

三、下石炭统（C_1）

矿区周围普遍发育下石炭统。它包括岩关阶和大塘阶，共划分为六个组，彼此皆为整合接触。

（一）岩关阶

自下而上分为邵东组、孟公坳组、刘家塘组。

(1) 邵东组：系 1962 年候鸿飞命名于湖南邵东界岭。本组无论岩性还是生物群均具有泥盆纪与石炭纪的过渡性质，其岩性仍以碎屑岩为主，与下伏的欧家冲段逐渐过渡，其生物群既包含某些晚泥盆世的分子，又出现了早石炭世的特殊分子。邵东组下部为中厚层至厚层状石英砂岩夹黑色页岩及粉砂岩或砂质页岩，粉砂岩中常有大量"虫管"构造；上部钙泥岩增加，为黄绿色、黑色页岩夹粉砂质页岩、泥灰岩、砂质灰岩及生物碎屑灰岩等。本组特别是其上部含丰富的各种海相化石，除以腕足类为主外，还有珊瑚、牙形刺、介形虫、苔藓虫、头足类、腹足类、瓣鳃类、海百合茎等。邵东组由下而上反映海侵逐渐扩大，海水不断加深的浅海环境。邵东组总厚约 145 m。产腕足类：*Plicochonetes gelaohoensis*，*Pleuropugnoides Kinlingensis*，*Hunanoproductus* cf. *hunanensis*，*Schuchertella* sp.，*Chonetes* sp.，*Productella* sp.，*Cyrtospirifer* sp.，*Tenticospirifer* sp. 等。珊瑚有小型单体四射珊瑚如 *Caninia cornucopiae*（小角状犬齿珊瑚）和内沟珊瑚类的印模及群体床板珊瑚如 *Syringopora* 等。牙形刺有 *Spatognathodus stabilis*，*S. strigosus* 等。

值得注意的是，目前国际上将泥盆系—石炭系界线置于 *Gattendorfia* 带之底。这条界线大约相当于我国的 *Cystophrentis* 带之底。因此有人建议将邵东组划归泥盆系。

(2) 孟公坳组（C_1m）：系 1933 年田奇镌等命名于湘中。孟公坳组原作为岩关阶的总称，1962 年该组进一步划分为三个段，即邵东段、孟公坳段和刘家塘段。近年来，又将上述各"段"提升为"组"。所以目前的孟公坳组系指含泡沫内沟珊瑚的一套地层。其岩性为中厚层灰岩夹薄层泥灰岩。底部以一层黄色含泥质生物碎屑灰岩与邵东组分界；下部泥质灰岩与碳质页岩互层；上部中厚层灰岩夹砂岩透镜体或薄层，有时还夹紫色页岩。厚 35~60 m。所含化石以泡沫内沟珊瑚为特征，如 *Cystophrentis kolaohoensis*，*C. grandis*，*C. irregulare*，*Fuchungopora* sp.。腕足类有 *Plicochonetes gelaohoensis*，*Pleuropugnoides kinlingensis*，*Cleiothyridina serra* 等。此外还有牙形刺、海百合茎、苔藓虫和腹足类等。

(3) 刘家塘组（C_1l）：本组也是 1962 年命名于邵东界岭。按岩性分上、中、下三部：下部为黑灰色中厚层灰岩、泥灰岩夹页岩和粉砂岩，局部夹燧石条带；中部为灰黑色中厚层至厚层隐晶质灰岩夹中厚层泥灰岩、薄层钙质页岩和砂岩；上部为黄灰色薄层至中厚层泥灰岩夹页岩、灰岩。厚 141~295 m。生物群较为繁盛，以珊瑚、腕足类为主，称为假乌拉珊瑚鳍石燕组合，此外尚有菊石腹足类、苔藓虫、三叶虫、海百合茎、瓣鳃类等。珊瑚：*Pseudouralinia tangpakouensis*，*Pseudouralinia* sp.，*Lublinophyllum* sp.，*Syringopora* sp.。腕足类：*Finospirifer shaoyangensis*，*F. taotangensis*，*Athyris* sp.，*Ptychomaletoechia kinglingensis*，*Hunanoproductus hunanensis* 等。

（二）大塘阶

自下而上包括石磴子组、测水组和梓门桥组。它们均系 1933 年田奇镌、王晓青等命名于湘乡等地。

(1) 石磴子组（C_1s）：主要为灰黑色中厚层灰岩、泥灰岩夹砂岩、碳质页岩，底部为约 10 m 厚的灰白色、黄色石英砂岩。厚 120~190 m。该组产丰富的珊瑚、腕足类、蜓类、有孔虫、含蜓类、三叶虫及海百合茎等化石。蜓类：*Dainella* sp.，*D. gumbeica*，*D. elegantula*，*Eostaffella* sp.，*Novelle* sp.，*Millerella* sp.。珊瑚：*Kueichouphyllum sinensis*，*Siphonodendron* sp.，*Hetarocaninia* sp.，*Thysanophyllum shanyanggense*，*Lithostrotion* sp.。腕足类：*Linoproductus tenuistriatus*，*Gigantoproductus giganteus*，*Neospirifer fasciger*，*Composita globularis*。三叶虫：*Proetus* cf. *changi* 等。

（2）测水组（C_1c）：主要为灰色、棕黄色、黄褐色中厚层至厚层石英砂岩、细砂岩夹粉砂岩、砂质页岩、碳质页岩及无烟煤 1~9 层，内含菱铁矿结核和黄铁矿斑点。产 *Lepidodendron* sp.，*Cordaites* 等植物化石和长身贝类腕足动物化石。厚 70~110 m。

（3）梓门桥组（C_1z）：为深灰色中厚层灰岩、泥灰岩夹页岩，上部含燧石团块。厚 130 余米。本组灰岩含泥质较高，风化后呈灰黄色，生物化石极为丰富，个体亦较大。主要有珊瑚 *Yuanophyllum kansuense*，*Dibunophyllum* sp.，*Heterocaninia* sp.，*Arachnolasma* sp.，*Siphondendron* sp.，*Aulina rotiformis*，*Spirophyllim* sp.，*Siphondendron* sp.，*Aulina roteformis*；苔藓虫 *Hunanopora sinensis*；蜓 *Eostaffa* sp.，*Millerella* sp. 等。此外，还可以见到极大个体的海百合茎等化石。

梓门桥组之上为上石炭统黄龙组所覆盖。

第五节　矿区构造

锡矿山矿田为一巨大的东缓西陡的短轴背斜构造，即为锡矿山短轴背斜所控制。背斜轴向为 NE30°~35°，长约 9 km，宽约 3 km，往西南倾伏。复背斜核部出露上泥盆统地层，复背斜的西翼为 F_{75} 断层（西部大断层）所切割。F_{75} 断层以西为下石炭统地层构成的一系列线型紧闭褶皱。

锡矿山矿田东侧边缘有一条被煌斑岩脉充填的断裂带 Fx，与 F_{75} 断层平行展布，纵贯全区。两者的走向几乎与短轴背斜的走向完全一致，但总体倾向相反。F_{75} 断层倾向 NW，倾角较平缓，煌斑岩断裂带倾向 SE，局部 NW，近乎直立。

在 F_{75} 断层以东发育一组轴向近乎平行的雁列展布的次级褶皱（图 2-10），自南而北计有：

（1）东部倒转背斜。

（2）物华背斜。

（3）常子岩—仙人界向斜。

（4）飞水岩—童家院背斜。

（5）老矿山背斜。

（6）稻草湾背斜。

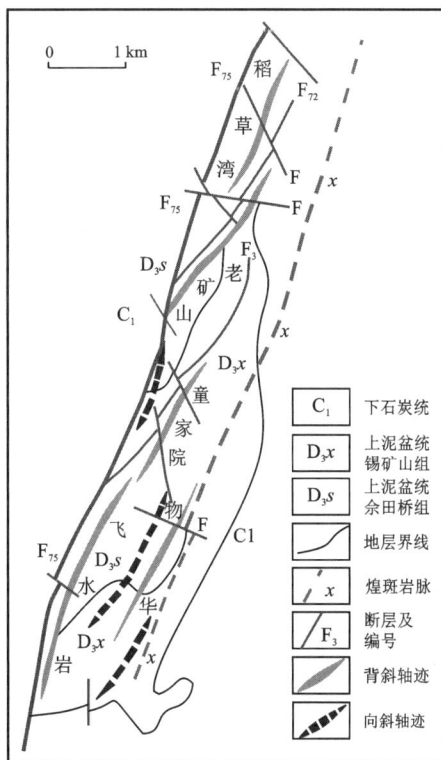

图 2-10　锡矿山矿田构造纲要图

以上次级褶皱除了东部倒转背斜及物华背斜以外，其余皆被 F_{75} 断层及其分支断层（如 F_3、F_{72} 断层等）所切割。在次级褶皱中还有近 EW 向的小型褶皱和各种走向的次级断裂。

一、褶皱

1. 东部倒转背斜

位于矿田东部罐子村—光家坪一带。轴向 NE50°~60°，轴面往 NW 倾斜甚至平卧。轴迹随马牯脑段地层界线往南收敛而收敛。褶皱紧闭，呈狭长带状，轴面劈理密集发育。倒转褶皱发育于陶塘段以上地层，尤以陶塘段、和兔子塘段较软的岩层最为强烈。深部倒转现象消失而地层产状变陡。

2. 物华背斜

位于矿田东南部，西侧与常子岩—仙人界向斜紧邻。背斜向 NE 延伸至老江冲一带。核部为七里江段硅化灰岩，两翼为陶塘段、兔子塘段地层（图 2-11）。背斜的轴面倾向 NE，倾角约为 80°；东翼倾向 SE120°，倾角 40°左右；西翼倾向 NW340°，倾角 30°左右。背斜在老江冲以北即急剧倾伏消失。因此该背斜从整体上来看是一个斜歪倾伏褶皱，该背斜东翼有云斜煌斑岩脉的侵入。

图 2-11 物华背斜核部及南东翼地层

3. 常子岩—仙人界向斜

位于矿田的中部、比较平缓开阔，核部是马牯脑段的下部地层，两翼由泥塘里段、兔子塘段及陶塘段地层组成。在仙人界一带，该向斜的形态特征是一个轴面向 NW 倾斜的斜歪向斜，西翼地层的产状比东翼陡。仙人界向斜的枢纽在仙人界南坡明显地向上扬起，致使仙人界和常子岩向斜貌似两个彼此独立的向斜构造。

4. 飞水岩—童家院背斜

飞水岩背斜，亦称艳山红背斜，核部在飞水岩、艳山红一带，出露佘田桥组七里江段硅化灰岩层，西翼被 F_{75} 断层破坏，东翼与常子岩向斜彼此联系。童家院背斜，地表仅见陶塘段黄色泥灰岩在童家院子一带呈背斜状产出，核部含锑矿的七里江段硅化灰岩仅在井下才能见到。飞水岩背斜与童家院背斜有可能是通过上述仙人界西侧的穿风岭背斜而连接成为一个整体。

5. 老矿山背斜

老矿山背斜位于锡矿山矿田陶塘街的西侧。地表出露大片含锑矿的佘田桥组七里江段硅化灰岩，构成老矿山背斜的核部。老矿山背斜的走向大致是 NE30°，东翼地层是泥灰岩段至马牯脑段等地层，因其西翼被 F_{75} 断层破坏无余，故背斜只剩下一个东翼而呈单斜形态。老矿山背斜的西翼因 F_{75} 断裂而使七里江段硅化灰岩与下石炭统不同层位的岩层直接接触，东南翼也由于断裂（F_3）而与童家院背斜毗邻。

6. 稻草湾背斜

稻草湾背斜位于锡矿山复式背斜 NE 倾伏部位，是稻草湾锑矿床的主要控矿构造。背斜轴向近 NE30°，轴线弯曲，长约 1000 m，SW 端扬起，NE 端缓和倾伏，两翼岩层产状平缓，有舒缓起伏现象，倾角 15°～30°。核部地层为石炭系孟公坳组（C_1m）深灰色厚层状灰岩夹薄层灰岩，两翼地层为石炭系刘家塘组（C_1l）厚层状泥灰岩与灰岩互层，南西端扬起处西翼近轴部有邵东组砂岩出露。

在上述六个主要的次级褶皱中，还发育一些规模偏小、更次一级的小型褶皱，其中一组东西向的小型褶皱可能是晚期产生的叠加褶皱构造，举例如下：

（1）田戴幼东西向褶皱。发育于马牯脑灰岩中，轴向 NW280°，轴面往南倾斜，并被 F_3 断层所切割呈左行位移，规模小，长 250～300 m。影响深度 50～80 m。

（2）肖家岭似箱状褶皱。发育于兔子塘段及马牯脑段地层中，垂深不超过 80 m 即消失。轴向 NW280°，长约 250 m，长短轴比约 2：1。

锡矿山矿田主要褶皱构造特征参见表 2-4。

表 2-4　锡矿山矿田主要褶皱构造特征表

构造名称	轴向	规模	核部地层	两翼地层及其他
老矿山背斜	NE30°	长 3.0 km 宽 0.9 km	D_3s^2	SE 翼产状为 120°∠20°～30°；NW 翼产状为 310°∠30°，NW 翼被 F_{75} 断层破坏，为重要控矿构造，对应老矿山锑矿床
童家院背斜	NE30°	长 2.0 km 宽 0.8 km	D_3s^2	SE 翼产状为 110°∠20°；NW 翼被 F_3 断层破坏，为重要控矿构造，对应童家院锑矿床
仙人界向斜	NE30°	长 2.1 km 宽 0.6 km	D_3x^4	SE 翼倾向北西，倾角 10°～25°；NW 翼倾向南东，倾角 15°～20°，为一宽缓向斜

续表2-4

构造名称	轴向	规模	核部地层	两翼地层及其他
飞水岩背斜	NE30°	长 3.5 km 宽 1.0 km	D_3s^2	SE 翼倾向南东，倾角 10°~25°；NW 翼倾向北西，倾角 25°~30°，NW 翼被 F_{75} 断层破坏，为重要控矿构造，对应飞水岩锑矿床
物华背斜	NE30°	长 4.0 km 宽 0.5 km	D_3s^2	SE 翼倾向南东，倾角 20°~40°；NW 翼倾向北西，倾角 15°~20°。在 SE 翼有煌斑岩脉沿 Fx 断裂断续出露，为重要控矿构造，对应物华锑矿床
穿风岭背斜	NE30°		D_3x^1	两翼为兔子塘段、泥塘里段和马牯脑段地层。其 NW 翼被剥蚀，E 翼出露完整。该背斜轴面近直立，枢纽向 SW 倾伏，为一直立倾伏褶皱
艳山红背斜	NE30°		D_3s^2	实为飞水岩背斜的核部地层，出露佘田桥组七里江段硅化灰岩，西翼被 F_{75} 断层破坏，东翼与仙人界向斜毗邻
稻草湾背斜	NE30°	长 1.0 km 宽 0.4 km	C_1m	两翼岩层产状平缓，有舒缓起伏现象。核部地层为石炭系孟公坳组（C_1m）深灰色厚层状灰岩夹薄层灰岩，两翼地层为石炭系刘家塘组（C_1l）

二、断层

1. F_{75} 断层（西部大断层）

锡矿山矿田最大的断层是 F_{75} 断层（又称西部大断层）。该断层为矿田的主干断层，由若干次级断裂组成（如 F_{71}、F_{72}、F_{73} 等），位于矿田西侧，走向 NE30° 左右，呈舒缓波状，与锡矿山复背斜和矿山东侧的煌斑岩脉大致平行，倾向 NW。目前已知南起冷南大桥，北至白岩以北，长达 12 km 以上，为桃江—城步深大断裂在湘中盆地中表现最明显的一部分，为一长期多期次活动的走向正断层。

F_{75} 断层破坏了锡矿山短轴背斜西翼的完整性，使上盘的下石炭统刘家塘组（C_1l）地层与下盘的上泥盆统佘田桥组（D_3s）地层直接接触，呈正断层形式。锡矿山 F_{75} 断层的倾斜最大断距为 800~850 m，向 NE、SW 两端急剧减少，以致消失，锡矿山锑矿田恰好处于其断距最大部位。

F_{75} 断层倾向一般为 NW275°~320°，倾角一般为 40°~65°，近地表倾角较陡，往深部逐渐变缓至 40° 左右。

F_{75} 断层具有导矿和屏蔽矿的双重特征。断裂带最宽达 40~50 m，最窄处只有 1~2 m，主要由压扭性构造透镜体、糜棱岩、断层泥、张性构造角砾岩、片理化碎裂岩等组成，是一条长期活动的断裂，形态上表现为正断层，结构面特征表现为压性、压扭性和张性三种性质，故具有导矿和屏蔽矿的双重特征。F_{75} 断层是由多个断裂面组成的断裂带，在断裂带较宽处可看见几期断裂及几个构造岩段。

（1）最早期张性破裂面（f_1）：多位于断裂带的近上盘或与上盘断面相一致。破裂面粗糙，连续性差，发育有棱角状、大小不一的角砾岩，局部有方解石脉充填。

（2）中期破裂面（f_2）：常见于断裂带下盘或与下盘断面一致。在南矿坑道所见的中期破裂面常被硅化而界线模糊，多呈波状弯曲，附近构造岩中的片理或透镜体的长轴方向与裂面倾向常以小角度斜交，磨光面上有倾伏角为 30° 的 NE 向擦痕。在 11 中段 151 穿脉该断裂面中有石英-辉锑矿脉充填，属成矿前的破裂面，但对这期断裂的性质存在不同的看法。

（3）晚期（成矿后）破裂面（f_3）：发育于断裂带中部或偏下盘位置，破裂面呈波状弯曲，常见早期硅化岩和方解石脉破碎成角砾，角砾大小不一，呈次棱角状或次圆状。有时本期破裂面与先期破裂面叠加在一起，破裂面十分清晰，发育有多组擦痕和张节理。

F_{75} 断裂带中的构造岩一般可分 3~5 带：

①片理叶理化带：多发育在 f_2、f_3 断面附近或近断裂带的下盘，宽 0.1~2 m 不等。

②透镜体带：此带常与片理化带相邻，宽 0.5~2 m 不等，透镜体大小不一，长轴与裂面有一定交角或平行。

③角砾岩带：多分布在断裂带靠近上盘的部位或主裂面附近，角砾大小不一，成分多种，胶结不紧，磨圆度差。

④揉皱带：其分布与岩性有关，多发育在塑性较大的岩层，一般在断裂带的中部或近上盘发育，或在主破裂面两侧对称出现，揉皱剧烈则可见到平卧倒转小型牵引褶皱。此带发育较宽，且与角砾岩、透镜体等交替出现，界线不十分清晰。

⑤碳化带：发育在靠近断裂带的上盘部位，岩层破碎不剧烈，多属石炭系煤系地层，故含碳量剧增，同时伴有角砾岩。

F_{75} 断层的西侧（上盘）为下石炭统。在黄光水库一带多见牵引倒转褶皱，指示右行剪切。断层东侧（下盘）主要为上泥盆统，产状较平缓，旁侧 NE 向的节理裂隙较发育。断裂被 NNW、NW 或 EW 向次级断裂切割，在东侧（下盘）主要的次级断裂有 NE 向的 F_3、F_{72}，北西向的 F_{33} 等。

2. 东部被云斜煌斑岩充填的断裂 Fx

Fx 断层南起罐子冲以南，北至竹山煤矿以北，长达 7.5 km。断层被云斜煌斑岩脉充填，岩脉走向 NE30°~35°，与 F_{75} 断层大致平行，倾向 SE，局部地段倾向 NW，或上部倾向 NW，深部倾向 SE，倾角较陡，60°~80°，宽 3~15 m，岩脉两旁接触界线比较清楚，围岩蚀变不明显，界面参差不齐，有时沿节理裂隙或层间贯入不规则支脉。岩脉两侧地层错距不大，为 5~10 m，属张性正断层。Fx 活动时间较 F_{75} 为晚，持续活动时间也较短。

3. F_3 断层

F_3 断层分布在矿田北部，切割飞水岩—童家院背斜的西翼，使其欠完整，局部形成单斜形态。F_3 断层走向 NE40°~55°，地表出露长度约 4 km，倾向 NW，上陡下缓，地表倾角为 70°~85°，深部 45°~65°。断层的最大倾斜错距达 430 m 左右，在童家院一带约为 160 m，具正断层性质，属于 F_{75} 的分支断层。

F_3 断层破碎带宽 0.7~1.5 m，具多个断裂面。在童家院和七里江铁矿坑道中可以观察到早期裂面呈锯齿状弯曲，岩石破碎不显著，属张性。较晚期的裂面较平直光滑，近旁岩石在镜下见绢云母平行断层走向定向排列，石英被拉长，长轴亦平行走向，局部见片理化和构造透镜体，故有剪性或压剪性特征。在地表处见到该断裂带中夹杂泥塘里段"宁乡式"赤铁矿断层角砾，局部有方解石脉充填。在坝塘山公路旁可见磨光面和往南西侧伏的擦痕，侧伏角68°，阶步指示上盘往南西方向斜落。在北选厂西边可见到指示上盘下落的牵引褶皱。因此，F_3 断层为左行平移正断层，是童家院矿床的主要控矿构造(图2-12)。

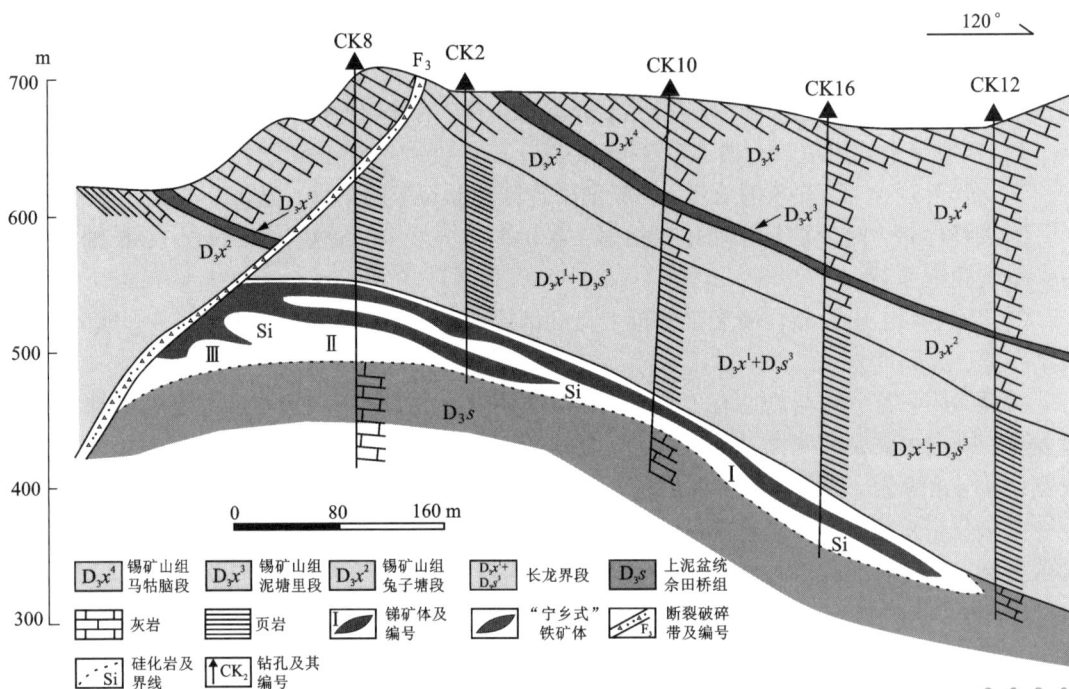

图 2-12　F_3 断层对童家院锑矿床的控制和对"宁乡式"铁矿的破坏

4. F_{71}、F_{72}、F_{73} 断层

这三条断层带实为以 F_{72} 为主的断层带，具有张扭性。F_{72} 从万明桥南由 F_{75} 下盘分出，走向 NE45°，已控制长度约为 2500 m，切割老矿山背斜的两翼，是老矿山矿床的控矿断层。

5. F_{63} 断层

F_{63} 断层在地表的断层面不清晰，但在七里江铁矿 572 中段和童家院矿床 3 中段坑道中可以见到该断层，走向 NW332°～350°，倾角较陡，在 75°以上，两端倾向相反，如在童家院坑道中 F_{63} 北端倾向 SW，南端倾向 NE。断层面比较光滑平直，见有水平、垂直和斜擦痕。断裂带宽 0.3～0.5 m，见有糜棱岩和片理化页岩、硅化灰岩、泥灰岩等角砾和透镜体，局部充填有辉锑矿脉，辉锑矿脉局部破碎呈角砾状。在断裂旁侧张节理发育，节理中充填有方解石-辉锑矿细脉，距离断裂面数米处此组张节理和方解石-辉锑矿脉尖灭，构成由 F_{63} 断层所控制的网脉状矿体。F_{63} 断层切割 F_3 断层，水平错距达 150 m，为一左行平移断层。

🎯 第六节　矿区岩浆岩

Von Gümbel 在 1847 年提出"煌斑岩（lamprophyre）"一词，其词根来源于希腊语"lampros porphyros"，意思是闪闪发光的斑岩（glistening porphyry）。

Rock 将煌斑岩定义为是一系列富含挥发分（如 H_2O 和 CO_2）的超基性–中性浅成岩，通常以岩脉的形式出露。其具有明显的斑状结构，斑晶可以由自形的橄榄石、辉石、角闪石和黑云母等镁铁质矿物组成。其中，角闪石和黑云母是最常见的斑晶。一般可以将煌斑岩分为五类：钙碱性煌斑岩、碱性煌斑岩、超镁铁质煌斑岩、金伯利岩和钾镁煌斑岩。

作为一种典型富含挥发分的镁铁–超镁铁质岩石，煌斑岩与金伯利岩以及碱性玄武岩等深部幔源岩石一样，基本上只出露在大陆。另外，煌斑岩中经常包含一些地幔和地壳的深源捕虏体，这些捕虏体对了解壳幔的结构和热状态具有重要的指示意义。

出露于锡矿山矿田东部的煌斑岩脉是矿区范围内唯一已知岩浆岩。煌斑岩呈脉状产出，断续出露，致密坚硬抗风化，常在地表形成正地形，受 NE 向 Fx 断裂控制，侵位于上泥盆统余田桥组和锡矿山组中，在填图区可以见到煌斑岩分别切穿锡矿山组的陶塘段（D_3x^1）、兔子塘段（D_3x^2）、泥塘里段（D_3x^3）和马牯脑段（D_3x^4）地层，与围岩呈明显的侵入接触关系。该煌斑岩沿 NE10°~25° 方向延伸 10 km 以上，倾向 NW 或 SE，倾角近于直立，岩脉宽度变化较大，最宽处可达 10 m 左右，最窄仅 0.2 m，一般为 2~4 m，煌斑岩露头在灰岩中较宽，而在页岩中往往较窄。煌斑岩在地表的 π37 高地的红军亭和深部均存在分支现象。

填图区的煌斑岩大多风化较为明显，比如老江冲简易公路旁、兰田湾和 π37 高地。煌斑岩呈土黄色、黄褐色，致密块状构造，煌斑结构不明显，部分风化为土状，很容易与半风化的石英砂岩相混淆，要结合其产出特征进行识别[图 2-13（a）]。也有部分煌斑岩出露点比较新鲜，比如大岑坪和 627.6 高地附近新揭露出来的煌斑岩。新鲜的煌斑岩呈灰黑色[图 2-13（b）]，致密块状构造，发育有多组剪节理，擦痕十分普遍，煌斑结构非常典型[图 2-13（c）]。斑晶（1~1.5 mm）和基质（0.1~0.3 mm）主要由黑云母和斜长石组成，次要矿物为石英。斑晶数量变化较大，从 5% 到 30% 不等。斜长石通常呈板状，属钠长石–更长石，大多已发生不同程度的绢云母化蚀变。黑云母则相对较新鲜，呈黄褐色，一组解理完全，但也可见少量黑云母内部存在绿泥石化[图 2-13（d）]。基质主要为黑云母、斜长石、辉石、钾长石等；副矿物主要有磁铁矿、钛铁矿、磷灰石、锆石等。据前人研究，锆石基本上都为捕获锆石。煌斑岩蚀变发育，常见碳酸盐化和硅化，方解石、石英含量为 10%~15%。

在煌斑岩中局部可见浅色的长英质捕虏体和石英捕虏晶。捕虏体呈灰白色，浑圆状，包裹于深色煌斑岩中。捕虏体大小一般为 20~30 mm。镜下观察，捕虏体主要矿物有石英、黑云母、钾长石和斜长石。石英遭受强烈熔蚀，呈港湾状。黑云母、钾长石、斜长石多为方解石交代，保留假象。

根据锡矿山煌斑岩的手标本特征及镜下鉴定结果，可将填图区的煌斑岩定名为云斜煌斑岩。根据煌斑岩的地球化学特征，填图区的煌斑岩为钙碱性煌斑岩，形成于一种拉张伸展的构造环境，其化学成分见表 2-5。煌斑岩的侵入年代据 K-Ar 法测定为 119 Ma，属于燕山晚期的产物。

（a）π37 高地煌斑岩露头；（b）新鲜的煌斑岩手标本；（c）~（d）煌斑岩显微镜下照片（正交偏光）。

图 2-13　锡矿山煌斑岩的野外露头、手标本及显微镜下照片

表 2-5　锡矿山云斜煌斑岩化学成分（质量分数）表　　　　　　　　　　　单位：%

样品号	S9361	S9362	H51	H54	XKS-1	XKS-2	XKS-3	XKS-4
SiO_2	53.60	49.63	51.48	50.74	51.30	50.94	51.67	50.84
Al_2O_3	12.57	13.37	11.77	12.28	12.09	11.98	12.24	11.50
TiO_2	1.55	1.28	1.73	1.65	1.91	1.84	1.90	1.69
Fe_2O_3	4.44	0.56	5.96	6.52	5.23	2.56	5.88	0.49
FeO	3.60	6.58	2.75	2.20	3.57	5.91	2.39	7.48
CaO	5.50	7.06	8.70	8.08	5.37	5.98	5.24	7.36
MgO	4.45	4.70	1.95	2.15	3.93	3.94	4.13	3.67
MnO	0.080	0.095	0.09	0.12	0.12	0.12	0.12	0.12
K_2O	3.09	0.52	0.80	0.88	2.39	1.98	2.41	0.68
Na_2O	2.66	0.09	0.18	0.14	2.64	2.50	2.68	0.10
P_2O_5	0.913	0.726	0.41	0.41	0.98	0.95	0.98	0.83

续表2-5

样品号	S9361	S9362	H51	H54	XKS-1	XKS-2	XKS-3	XKS-4
灼失	6.50	15.33	12.95	12.18	9.91	11.31	9.82	15.23
H_2O^+	3.04	4.51	5.20	5.10				
F	0.200	0.164	0.150	0.189				
Cl	0.068	0.164	0.010	0.005				
SO_3	0.22	1.06						
$Sb(\times 10^{-6})$	5.35	7.30						

第七节　锡矿山矿田矿床地质

锡矿山矿田呈 NNE 向展布，长9 km，宽2 km，面积近18 km^2（图2-1），受控于锡矿山复式背斜。赋矿层位主要为上泥盆统佘田桥组（D_3s），其次为中泥盆统棋梓桥组（D_2q）。矿体主要赋存于佘田桥组七里江段（D_3s^2）硅化体中，成矿作用受地层、断裂和背斜构造联合控制。

锡矿山矿田由南、北两区的老矿山、童家院、飞水岩和物华4个矿床组成，分别为4个与矿床同名的背斜构造所控制，累计探明锑金属储量大于200万 t。南区为飞水岩矿床和物华矿床，北区为老矿山矿床和童家院矿床，其中飞水岩和童家院两个矿床规模巨大，各有4个主要矿体。飞水岩矿床的锑金属储量占全矿区的53.19%。

坑道工程揭露发现：物华矿床和飞水岩矿床的矿体在2中段（310 m标高）实际上已经连成一体；飞水岩背斜和童家院背斜在500 m标高左右也已经合二为一。锡矿山矿田目前分为南矿（飞水岩和物华）和北矿（童家院和老矿山）两个采区。矿床勘探和矿山开采表明，各矿床地质特征极为相似，仅表现出产出构造空间上的差异。锡矿山矿田主要矿体特征具体见表2-6。

表2-6　锡矿山矿田主要矿体特征表

矿床名称	矿体编号	赋矿层位	矿体形态	矿体规模			倾角/(°)	矿体平均品位/%
				走向长/m	延伸/m	厚度/m 最小~最大	最小~最大	
锡矿山南矿	I	D_3s^{2-1} ~ D_3s^{2-6}	主要为层状、似层状	30~600	1800	1~5	5~35	4.5
	II	D_3s^{2-7} ~ D_3s^{2-10}	层状、似层状为主，次为扁豆状、囊状	40~600	1300	1~20	5~25	4.0

续表2-6

矿床名称	矿体编号	赋矿层位	矿体形态	矿体规模			倾角/(°)	矿体平均品位/%
				走向长/m	延伸/m	厚度/m 最小~最大	最小~最大	
锡矿山南矿	III	D_3s^{2-11} ~ D_3s^{2-27}	似层状、透镜状、囊状等	30~200	600	1~25	10~35	3.5
	IV	D_2q ~ D_3s^{1-2}	脉状、侧羽状	260	120~360	0~20	陡	变化大
锡矿山北矿	I	D_3s^{2-1} ~ D_3s^{2-6}	层状、似层状	30~440	60~260	1~3	0~35	5.7
	II	D_3s^{2-7} ~ D_3s^{2-10}	层状、似层状、透镜状、串珠状	40~800	50~200	1~30	0~35	4.03
	III	D_3s^{2-11} ~ D_3s^{2-27}	似层状、透镜状、串珠状	30~100	40~70	1~3	5~15	3.5
	IV	D_2q ~ D_3s^{1-2}	脉状、囊状、侧羽状	10~25	12~70	0~4	陡	变化大

一、矿体分布及控制因素

锡矿山锑矿床矿体总体上呈层状、似层状(图2-14),因而,矿床勘探过程中将其工业类型确定为碳酸盐岩中似层状矿床。根据形态、产出层位以及构造位置,可以将其工业矿体分为如下三种类型。

(一)层状、似层状矿体

这类矿体形态简单,受地层层位控制,呈层状或似层状产出,沿走向及倾向延伸稳定(图2-14),矿石品位高,Sb平均品位达3.5%~5.7%。矿体多以泥质岩层为矿体顶板,而矿体底板具穿层现象。该类型矿体具有多层发育的特点,根据产出层位的不同,划分出I、II、III号矿体。

I号矿体:产于七里江段 D_3s^{2-1} ~ D_3s^{2-6} 层内,矿体产状与围岩一致,呈层状、似层状产出,以 D_3s^{2-1} 层中的矿体最为显著,延伸大,品位高,辉锑矿多呈层间脉、节理裂隙脉、网状脉和羽毛状脉充填。在构造有利部位,当 D_3s^{2-3}、D_3s^{2-5} 小矿体并入时,矿体增厚,底板呈弧形弯曲。

II号矿体:产于七里江段 D_3s^{2-7} ~ D_3s^{2-10} 层中,呈似层状、长条状、透镜状产出,以 D_3s^{2-7} 为主要赋矿层,在构造有利部位,向上与I号矿体、向下与III号矿体分别融合成一体。当控矿断裂构造(裂隙)发育时,其他小层中也发育有规模不大的透镜状矿体,与主矿体平行产出,形成多层复式矿体。其顶板受 D_3s^{2-6} 小层遮挡,故顶板较规则平整,与岩层产状基本一致,但底板由于岩性、构造及其破碎程度的不同,而呈波状起伏或凹凸不平,甚至与岩层交错相接,界线也不明显。

III号矿体:产于七里江段 D_3s^{2-11} ~ D_3s^{2-27} 小层中,矿体既受纵向断裂控制,又受各含矿小

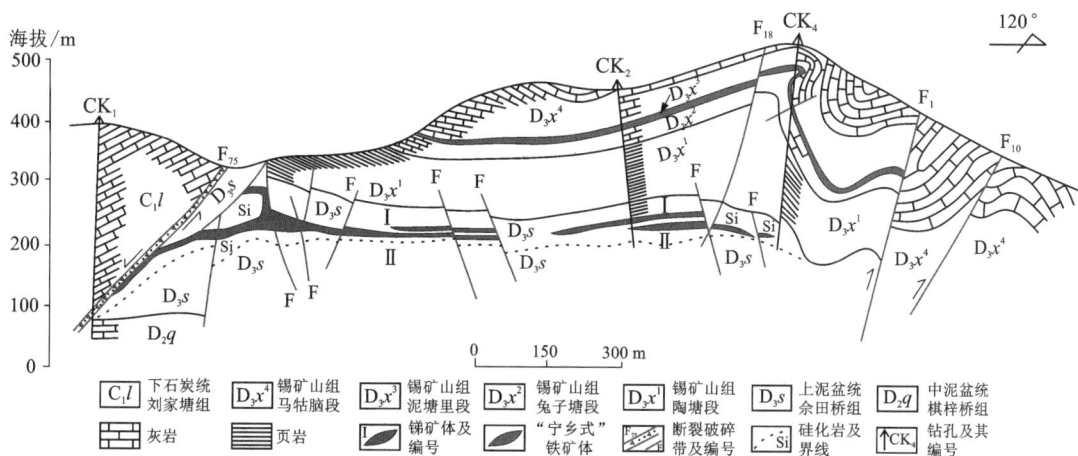

图 2-14　锡矿山锑矿田 31 号勘查线地质剖面图(据锡矿山矿务局资料修改)

层岩性影响,当有利岩性层位(如 D_3s^{2-13}、D_3s^{2-15}、D_3s^{2-17}、D_3s^{2-19}、D_3s^{2-27} 等奇数层)与纵向断层交汇时,硅化增强,矿体变厚。矿体主要为似层状或透镜状,规模较小,变化大。层状、似层状矿体多分布于背斜的轴部和翼部倾伏端,随着褶皱倾伏角度变大,矿体变薄,连续性变差。在次级横跨背斜叠加部位,矿体变厚。

　　从矿体与地层层位关系上看,层状矿体主要集中在佘田桥组中段上部 D_3s^{2-1} 中,随着层位变低,矿体规模变小,连续性变差。每个工业矿层 I、II、III 内部均含有多个次级矿体。从占有的储量比例上看,层状、似层状矿体是本矿床的主导性工业矿体。该类型矿体分布受地层层位控制的实质是受层间破碎带及层状角砾岩控制。

(二)带状及侧羽状矿体

　　这类矿体分布于矿床西缘 F_{75}、F_3 断层下盘侧旁,剖面上矿体呈带状或侧羽状产出。带状矿体沿断裂带分布,走向 NNE,延长可达 1200 m。倾向延深也可达 1000 余米,东西宽 150~200 m。其分布不受地层层位的限制,佘田桥组中下段(D_3s^{1-2})和棋梓桥组(D_2q)中均有产出,但地层岩性分层常影响矿体的局部形态和规模。在灰岩中,矿体形态较为规则,品位高,而在粉砂岩中则矿体小,形态复杂。当带状矿体与似层状矿体相连时则呈侧羽状,羽根部为带状矿体,羽翼部为多层似层状矿体。闪星锑业地质技术专家将这种带状、侧羽状矿体称为IV号工业矿体。带状矿体内常由若干次级矿体组成,其规模、品位变化较大。侧羽状矿体受层状破碎带和带状破碎带联合控制。

(三)管状矿体

　　分布于南矿东部 D_3s^{2-7} 层中,多个矿团、矿囊沿 NE60° 方向连续或断续排列呈管状。管状矿体一般规模较小,品位变化较大,局部可出现富矿体。其中 V-1 号矿体延长达 600 余米,宽 20~30 m,厚 5~25 m,横切面形态复杂。单个矿体(矿囊)沿 NW320° 方向展布。这种矿体多呈块状或角砾状构造。对于这类矿体的主要控制因素尚有不同看法,有人认为管状矿体受 NE 和 NW 向两组次级断裂所控制，也有人认为主要是受古岩溶控制，矿体充填于古溶洞中。

上述矿体是按工业品位圈定的矿体形态划分的。这种分类对于认识矿体的宏观分布规律是有益的。然而自然矿体形态却多以脉状包括细脉、网脉、层状脉、羽状脉、雁列脉、梯状脉、树枝状、透镜状、扁豆状、囊状等产出(图 2-14 和图 2-15)，反映了矿化作用沿裂隙、空洞等开放空间充填的特征。

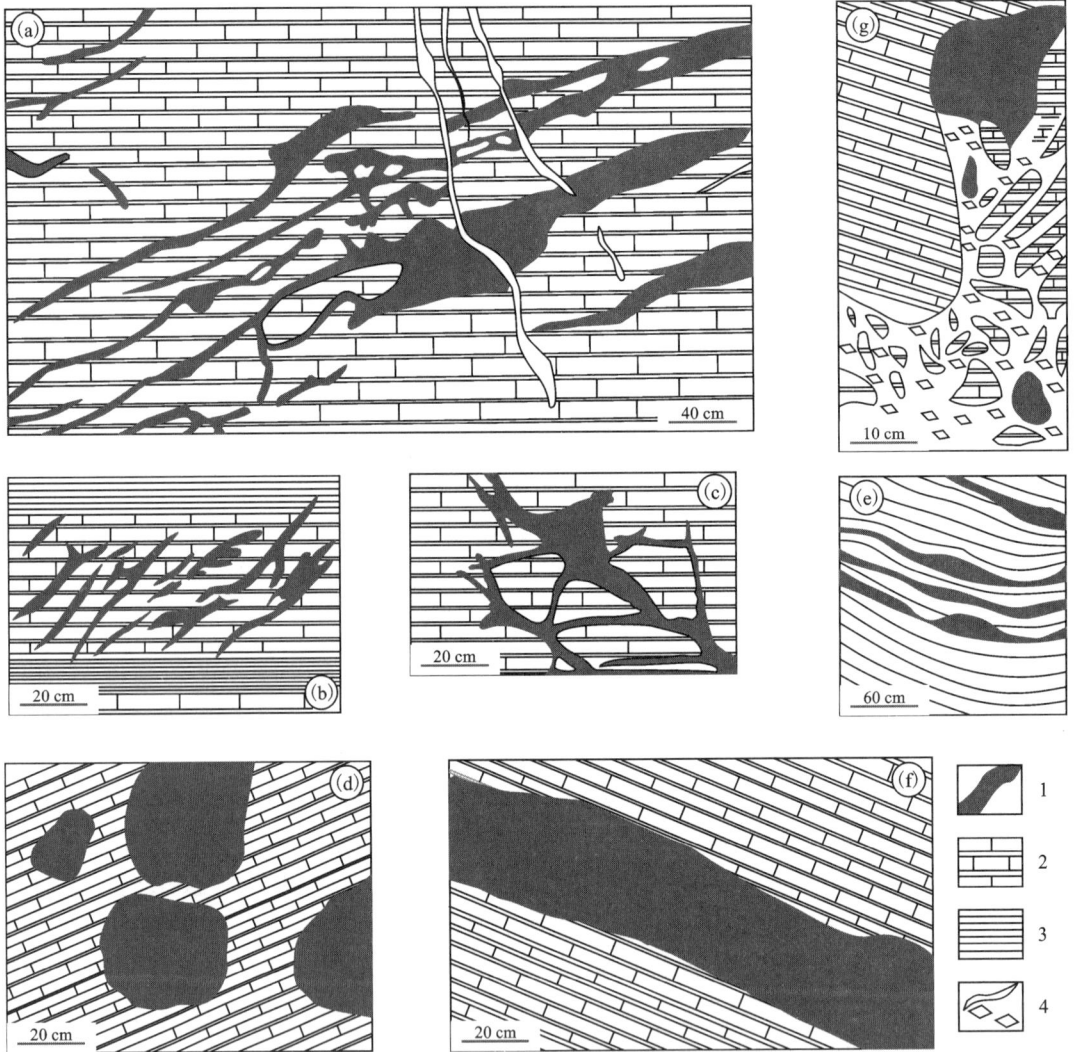

(a)、(b)网状脉、雁列脉；(c)树枝状脉；(d)囊状矿体；(e)似层状、透镜状矿体；(f)层状矿体；
(g)角砾状矿体。1—辉锑矿脉(体)；2—硅化岩；3—页岩；4—方解石(脉)。

图 2-15　锡矿山锑矿体的自然形态和构造特征

二、矿石特征

(一)矿石类型和矿物组合

锡矿山锑矿床矿石品位变化为 3.5%~5.7%,不同类型矿体品位变化大。矿床上部层状矿体、脉状和角砾状矿石品位较高,深部矿体中网脉状矿石品位降低。局部囊状矿体极富,呈"青砂"状。除童家院矿床产有氧化矿石外,矿石类型主要为原生单硫化物辉锑矿矿石。

不同类型矿体矿石的矿物组合简单。原生矿石矿物为单一的辉锑矿。伴生矿物含量极低,仅见有微量的黄铁矿和闪锌矿,且主要见于富泥质岩石中。脉石矿物主要为石英和方解石,次之有重晶石、萤石、叶腊石、电气石等,含量少。按矿物组合可以将矿石分为辉锑矿-石英、辉锑矿-方解石和辉锑矿-石英-方解石三种类型。辉锑矿-石英矿石分布于矿床上部,而辉锑矿-方解石组合在矿床下部常见。童家院矿床发育有较厚的不完整的氧化带,其表生氧化矿物有红锑矿、黄锑矿、锑华、自然硫、褐铁矿、碳酸盐矿物、硫酸盐矿物和迪开石等。

作为主要矿石矿物的辉锑矿,其形态、粒度变化极大,从他形粒状到自形针状、长柱状均存在。微裂隙中可见呈薄膜状产出,细脉、微脉中呈柱状、毛发状、针状产出,块状矿石中辉锑矿呈自形柱状,晶体粗大,而晶洞中辉锑矿呈晶簇状,单个晶体呈长柱状,长达数十厘米,矿山地质工作者曾发现长达 1 m 多的辉锑矿柱状晶体。

脉石矿物石英多呈他形粒状(<1 mm)和自形-半自形粒状、短柱状(0.5~2.5 mm),产于块状矿石和辉锑矿-石英微细脉中。辉锑矿-石英细微脉梳状构造发育。产于辉锑矿晶洞中的石英颗粒稍大(可达 5 mm),呈无色透明锥状。

(二)矿石结构

矿山不同类型矿体的矿石结构和构造特征相似,主要呈现出与开放空间充填、交代作用有关的结构和构造特征。矿石结构以他形粒状结构为主,其次为自形、半自形结构。此外,脉石矿物石英(或玉髓)有时可呈现出胶状、似胶状结构特征。

(三)矿石构造

矿石构造主要有块状构造、浸染状构造、角砾状构造、晶洞构造、网脉状构造、细脉状构造、条带状构造等(图 2-16)。囊状、团块状矿石及层状脉中矿石多具块状构造,矿石极富,几乎全由辉锑矿组成。角砾状构造是矿石的典型构造,极为普遍。硅化岩呈角砾状,辉锑矿充填其间空隙、空洞,并胶结角砾。角砾大者可达数厘米至数十厘米,坑道、采场中可大量观察到矿石的角砾状构造。显微镜下也可发现大量的显微角砾状构造。辉锑矿晶洞主要产于飞水岩矿床上部,背斜核部,晶洞大者可达数米至数十米。锡矿山是辉锑矿观赏标本的主要产地。网脉状、细脉状构造主要是在硅化灰岩中穿插着细小石英脉或石英-辉锑矿脉。如这些细脉交错分布,则构成网脉状构造。

（a）角砾状辉锑矿矿石；（b）脉状辉锑矿矿石；（c）浸染状辉锑矿矿石；（d）放射状黄锑矿矿石。

图 2-16　锡矿山锑矿田代表性矿石类型

扫一扫，看彩图

三、围岩蚀变

（一）硅化

硅化是锡矿山锑矿床最主要的围岩蚀变类型。之所以这样说，原因在于以下两点。其一，硅化规模大，分布面积达 10 km²，遍及整个矿区，厚达数十米，最厚达 80 m 左右，为巨型面状蚀变。其二，硅化岩与矿化、矿体关系密切。矿山勘查和采矿工作者很早就总结出"有矿化必有硅化"的硅化蚀变规律。锡矿山矿田绝大部分矿体产于硅化岩中。

从硅化与矿化关系上分为成矿前硅化和成矿期硅化两种类型。成矿期硅化是指与锑矿化、辉锑矿沉淀结晶共生的围岩蚀变，表现为围岩（先存硅化岩）中发育的石英微细脉，或出现重结晶及重结晶净化边。成矿期硅化规模小，强度弱。

锡矿山矿田规模巨大的硅化岩是成矿前硅化作用的产物，这是本矿床最有意义、最主要的蚀变作用。硅化岩的形成发生在大规模辉锑矿充填成矿之前，硅化岩的形成提供了锑矿化围岩条件，矿化强度与硅化强度（岩石中 SiO_2 含量）无关。坚硬致密的硅化岩含矿性不佳，硅化岩的矿化程度一般与其成矿前的破碎程度成正比。

硅化岩呈块状构造，他形、半自形、微晶状结构，几乎全由石英组成，石英颗粒细小，大部分仅具光性反应，并有泥质、碳质等残留。从化学成分上看，SiO_2 含量高达 90%，或更高。硅化岩矿物成分及结构特征表明锡矿山矿床硅化作用过程可能是高温热水或低温热液交代溶解过程。该过程中 SiO_2 被大量带入，而原岩中 $CaCO_3$ 则被大量溶解带出，导致原岩成分发生巨大改变，几乎被 SiO_2 完全置换，但岩石中 Al_2O_3、FeO、MgO、MnO 等含量变化不大，据此可判断原岩类型。

硅化岩的产状特征同样指示其为同构造褶皱、断裂及角砾岩化蚀变岩石。构造发育与硅化作用大致同步发生。导致大规模硅化岩形成的硅化作用过程是一个重要同构造地质事件——热水活动事件，辉锑矿成矿作用的发生是该事件的继续和发展。

硅化作用经历了一个长期多次发生的过程，多次角砾岩化以及易于反应、化学性质活泼的岩性条件(灰岩占主导)是硅化岩大规模发育的有利条件，硅化作用是热水活动的指示，是锑矿化的先兆，锑矿化是大规模硅化事件的持续，是热水活动晚期的产物。

在锡矿山矿田硅化与锑矿化具有极为密切的关系，也是重要的找矿标志之一。在硅化作用发育的地段基本上可见到锑矿化。此外硅化(灰)岩的厚度与锑矿体的厚度大致呈正比关系。例如在背斜核部的硅化(灰岩)厚度大，相应的锑矿体也较厚，从核部向两翼延伸，无论硅化(灰)岩还是锑矿体的厚度均变薄。

(二)碳酸盐化

碳酸盐化也是锡矿山矿床的一个常见围岩蚀变类型，主要表现为各种方解石脉体充填于硅化岩及未硅化岩石中。在飞水岩矿床的中段和穿脉中可以见到带状矿体由西向东(远离 F_{75} 断裂)具有由辉锑矿—石英带→辉锑矿带→辉锑矿—方解石带→方解石带的矿物分带现象。碳酸盐化的发育可能与含矿热流体(水溶液)与围岩(灰岩)发生的水岩反应有关。反应的结果导致 Ca^{2+}、CO_3^{2-} 大量进入流体，充填于主矿体旁侧先形成的硅化岩以及周围未硅化的岩石中。

四、成矿条件和控矿规律

锑矿体主要赋存于佘田桥组硅化灰岩中。矿体形态变化较大，以层状、似层状为主，少量为扁豆状和囊状，局部为裂隙脉状。以上各种形态矿体又可归纳为似层状整合类型矿体(如前两类)和交错类型矿体(如后两类)。围岩蚀变有硅化、绢云母化、碳酸盐化、黄铁矿化及重晶石化等。其中以硅化与成矿关系最密切，是最重要的找矿标志。绢云母化在 120 m 范围内均有反映。碳酸盐化是成矿晚期的特征。矿物成分简单。金属矿物有辉锑矿及锑的氧化物、锑华、锑赭石及黄铁矿等。非金属矿物有石英、重晶石、绢云母、叶蜡石、高岭石、方解石等。成矿温度为 150~250 ℃，为一低温热液矿床。

(一)成矿条件

1.有利的岩性组合

能干岩层/非能干岩层、透水层/不透水层隔挡层、适于反应围岩/不适于反应围岩的有利组合同时满足构造发育、古水文地质条件发育以及矿质堆积条件(空间及围岩环境)的要求，由灰岩-砂岩-页岩构成的"三明治"状组合是有利的岩性组合。

2.有利的构造条件

锡矿山矿田具有良好的构造条件，褶皱、断裂和层间破碎带对锑矿体有着十分明显的控制作用，具体表现为以下几点：

（1）褶皱：宽展型背斜构成的局部圈闭构造，尤其是不协调褶皱及不协调构造部位。

（2）断裂网络：区域性深断裂、主干断裂、分支断裂、节理、裂隙、微裂隙等构造形成了一个由导矿到容矿的完善构造网络。

（3）层间破碎构造带：各种成因层状、带状角砾岩的发育，可以形成良好的容矿空间。

3. 有利的封闭条件

一个矿床的封闭条件，一般均指岩层中岩性的屏蔽和构造上的圈闭。锡矿山锑矿田良好的封闭条件早已为地质界所公认。

从岩性上看，佘田桥组泥灰岩段及锡矿山组陶塘段，其厚度大于100 m，由泥灰岩、页岩组成，具有渗透性差的特点。其下的佘田桥组七里江段、龙口冲段及棋梓桥组上部，岩性主要为灰岩、砂岩，其渗透率较泥灰岩、页岩为大。因此，佘田桥组泥灰岩段及锡矿山组陶塘段就成为含矿热液的遮挡层，从而构成锑矿体的顶界。

在构造圈闭上，如前所述，锡矿山锑矿田是一个开阔的、向两端倾伏的复式背斜，北西翼为F_{75}切割而破坏，但由于构造岩透水性弱的特点，F_{75}亦起到圈闭的作用。因此，在复式背斜的NE端和SW端，各形成一个特大的矿体群，即南矿和北矿，尤以南矿的矿床规模最大。所以锡矿山锑矿田受岩性和构造的联合控制，使之具有特别罕见的良好的封闭条件，这就是导致锡矿山锑矿田形成的重要因素。

（二）控矿规律

1. 层位控矿

锑矿体的主要赋矿层位为上泥盆统佘田桥组，这套地层具有特殊的、复杂的岩性组合。

（1）佘田桥组上部的泥灰岩段（D_3s^3）和锡矿山组下部的陶塘段以钙质页岩为主，夹少量泥灰岩和薄层灰岩，这种岩石化学性质不活泼，孔隙度小，柔性大，塑性强，易于变形，对含矿热液可以起到良好的遮挡作用，使含矿热液在其下部聚集沉淀。

（2）佘田桥组中段七里江段（D_3s^2），以中-厚层状微晶灰岩与生物灰岩为主，夹多层页岩、白云岩、粉砂岩，多已硅化，成为硅化岩，总厚220 m。七里江段分为四大岩性段，27小层，Ⅰ号矿体赋存于佘田桥组七里江段第四小段（D_3s^{2-4}）；Ⅱ号矿体赋存于佘田桥组七里江段第三小段（D_3s^{2-3}）中；Ⅲ号矿体赋存于断裂下盘的佘田桥组七里江段第二小段（D_3s^{2-2}）和第一小段（D_3s^{2-1}）中；Ⅳ号矿体发育于断裂下盘的棋梓桥组（D_2q）上部。

（3）七里江段岩性组合的另一个特点是灰岩及生物灰岩本身，其中夹有纹层状灰岩和巨厚层状灰岩，交替出现，其矿物成分由含钙量高逐渐变到泥质成分或砂质成分含量高，且循环交替出现。这种岩性组合在构造应力作用下，极易产生层间破碎，虚脱剥离，形成良好的储矿场所。

2. 构造控矿

断裂、背斜、层间破碎构造三者结合是主要的控矿构造，断裂构造不发育则成矿条件亦差，长期以来形成了"背斜加一刀（断裂）"的构造控矿模式，容矿层上面覆盖遮挡层。这一规律已被人们所公认，并有效地指导本区的找矿勘探工作。具体成矿控制条件主要有下列几点：

（1）F_{75}、F_3是成矿流体的主要通道，其下盘破碎带及层间破碎带是主要的容矿构造。根据童家院及飞水岩矿床的部分包裹体测温资料，高温点趋近于主干断裂。矿体具有依附断层、沿下盘顺层生长的特点。据多年生产实践和现在的野外观察，均能明显地见到沿 F_{75}、F_3下盘往往矿化、硅化强，厚度大，矿体层数多，矿化延伸大，可在佘田桥组龙口冲段及棋梓桥组上部出现穿层的裂隙充填矿体，向下呈锯齿状尖灭。从断层向东矿化、硅化范围逐渐缩小，强度减弱，矿体变薄，层数减少，主要含矿层位局限于佘田桥组七里江段。

（2）背斜与断层交切处，有利于含矿热液交代和充填，因此易于形成矿体。

（3）两组断层交汇处及断裂破碎带发育处，往往锑富集成矿。

（4）断层与硅化岩交切处，硅化（灰）岩性脆，易形成层间破碎带和各种裂隙，有利于含锑热液充填交代而富集成矿。

（5）背斜构造轴部、小型隆起的鞍部，背斜收敛倾末端发育 NE 向小型张扭性断裂处对矿体富集起重要的作用。

（6）F_{75}大断裂下盘一侧的 NE 向羽状裂隙有利于成矿。

（7）佘田桥组七里江段硅化岩上覆的泥灰岩段和锡矿山组陶塘段的厚层泥灰岩和页岩透水性差，对含矿热液的分散起遮挡作用，有利于锑的富集成矿。

思考题

（1）如何在野外区分佘田桥组七里江段的硅化岩和锡矿山组泥塘里段的铁质砂岩？

（2）佘田桥组七里江段的硅化岩与煌斑岩的野外鉴定特征有何异同点？

（3）佘田桥组七里江段的硅化岩是否为变质岩？简述其形成机理。

（4）佘田桥组七里江段硅化岩的原岩主要有哪几种？

（5）为什么煌斑岩能在地表形成正地形？

（6）锡矿山锑矿田交代作用形成的硅化岩分布广泛，体积庞大，对矿体的分布有明显的控制作用，其巨量的硅来自何方？巨量的钙又去了哪里？

（7）如何理解锡矿山矿田"背斜加一刀（断裂）"的构造控矿模式？

（8）煌斑岩的常见斑晶一般有哪些？

（9）如何理解不同构造对锑矿体不同自然形态的影响？

（10）如何理解佘田桥组泥灰岩段和锡矿山组陶塘段的厚层钙质页岩和泥灰岩的岩性组合对锑成矿的作用？

第八节　锡矿山矿田地质发展史

一、沉积发展史

湘中地区地层按沉积-构造旋回可以分成两部分，即基底地层和盖层地层。在湘中地区，以加里东运动的不整合面为界划分盖层和基底。基底包括了加里东构造层及其以下的所有层位,即前泥盆系。

元古界的冷家溪群(Pt_2ln):为区内已知最老地层,主要见于拗陷边缘隆起区,如北部雪峰山地区及湘东北地区,拗陷内部没有直接出露。由浅变质细粒碎屑岩、黏土岩及含凝灰质细粒碎屑岩组成的一套复理石建造。尚未见底,厚度>2500 m。

板溪群(Pt_3bn):由浅变质砂砾岩、长石石英砂岩、砂岩、板岩、凝灰岩组成,属一套巨厚的类复理石建造,局部含基性、中酸性火山岩、碳酸盐岩和碳质板岩。与冷家溪群呈角度不整合或假整合接触。

震旦系(Z):分布于雪峰山区及湘中拗陷内次级隆起中。下统主要由反映海洋冰川沉积和正常海洋-海洋冰川混合沉积的冰碛砾泥岩、冰碛粉砂岩、含砾板岩或粉砂岩、板岩组成。上统为温暖气候条件下沉积的硅质岩、黑色板状页岩、碳酸盐岩和少量磷块岩。总厚度77.3~5664 m。与板溪群呈假整合、微角度不整合及整合接触关系。

冷家溪群、板溪群和震旦系地层构成湘中盆地基底的重要组成部分。

寒武系(∈):下统以硅质、碳质建造为主,中、上寒武统则以碳酸盐岩建造为主。由北至南,岩性变异,碳质、砂泥质组分增高,为一套深海至半深海沉积,厚度巨大。受加里东运动影响,岩石发生浅变质。

奥陶系(O):岩性以碎屑岩为主,夹碳酸盐岩。总厚度500~1000 m。受加里东运动的影响,岩石发生区域变质。

志留系(S):为一套巨厚(723~4000 m)的浅变质砂泥质类复理石建造。受加里东运动影响,寒武系和奥陶系地层褶皱抬升,中、上志留统缺失。广西运动结束后,本区结束地槽阶段,地台时期开始。下古生界各系之间及与震旦系之间为整合接触,反映连续沉积的特征。下志留统与上覆中泥盆统之间为角度不整合接触。

湘中盆地的盖层主要为上古生界泥盆系—中生界中三叠统,是一套准地台型沉积,以海相沉积的碳酸盐岩夹泥页岩为特征。

在泥盆纪华南海发生了明显的陆内裂陷作用,桂中、桂东北、桂西、黔南地区出现台间拗拉槽,中泥盆世拗拉槽逐渐向北东方向扩展,并达湘中地区。在湘中地区形成广泛的碳酸盐台地和台盆相间分布的格局。

上古生界的泥盆系下统缺失,中统中下部属滨海-陆相碎屑岩建造,自中统上部棋梓桥组到上统佘田桥组、锡矿山组主要为浅海碳酸盐岩建造。区域上,由南至北,碳酸盐岩沉积物含量逐渐减少,砂泥质碎屑岩含量逐渐增加,由滨海相变为陆相碎屑沉积。

从晚泥盆世开始,本区经历了多次海进海退。

佘田桥组的上部的龙口冲段(D_3s^1)为一套滨岸相的中细粒含云母石英砂岩沉积,水动力作用强。至七里江段(D_3s^2)底部时接受类似泻湖沉积,岩性为泥晶灰岩,为局限台地相;海水不断侵蚀陆地,在七里江段中部沉积了一组页岩,反映深水还原环境,为深海台盆相。之后,海水慢慢退去,又沉积了一套纯灰岩。其上部后期经硅化形成硅化岩,成为锡矿山矿田的赋矿层位,为局限台地相。在佘田桥组顶部的泥灰岩段(D_3s^3)近30 m厚的泥灰岩,主要为浅水台盆相。

锡矿山组陶塘段(D_3x^1)拗拉槽边界断层持续活动致地壳下降,海水继续侵入,沉积了一套钙质页岩及泥灰岩,为深水台盆相。

兔子塘段(D_3x^2)海水由北向南退去,沉积了一套灰黑色中厚层至厚层灰岩,中夹页岩,内含有机质较多。虽然兔子塘段仍然发育钙质页岩，但钙质页岩的厚度明显减小，灰岩的规模显著增大，表明兔子塘段以浅水台盆和局限台地相为主，而深水台盆相沉积期较短。

泥塘里段（D_3x^3）主要为浅水台盆相泥页岩和滨岸相等沉积，形成了著名的"宁乡式"铁矿，沉积期水体进一步变浅，水动力条件强。在气候温暖、氧化深、水体能量较高、强烈搅动与缓慢沉积的条件下，形成多层同心纹层鲕状赤铁矿，即著名的"宁乡式"铁矿，铁质来自"江南古陆"。沉积期水体进一步变浅，水动力条件强。

马牯脑段（D_3x^4）海水再次入侵，形成一套局限台地相和深水台盆相的灰至深灰色中厚层至厚层灰岩、泥灰岩和瘤状灰岩。

由此可以看出，自陶塘段至泥塘里段，主要沉积相类型由深水台盆相变为浅水台盆相、局限台地相和滨岸相，水体由深变浅；泥塘里段至马牯脑段沉积相类型由滨岸相复变为深水台盆相和局限台地相。因此，水体由浅变深再变浅。

到锡矿山组上部的欧家冲段（D_3x^5）时，海侵发生，先是沉积了一套页岩，之后海退，又沉积了一套石英砂岩，为滨岸相。

石炭系（C）：早石炭世，海侵又从西南进入，地壳振荡频繁。该区主要为一套浅海相碳酸盐沉积，局部夹石膏及含煤碎屑岩沉积，是本区的重要含煤地层之一，测水组是下石炭统最重要的含煤地层，煤层变质程度高，普遍石墨化。

二叠系（P）：在湘中拗陷内分布广泛，是最重要的含煤地层之一。上、下统间具沉积间断，上统为碳酸盐岩，夹含煤碎屑岩，下统则为碳酸盐岩。总厚达872～2246 m。

三叠系（T）：下统保存不全，以碳酸盐岩为主，夹砂页岩，厚达30～958.7 m；上统为碎屑岩建造，含多层煤层，厚达1512～1853 m。中三叠世末，印支期主幕安源运动发生，区内表现为强烈褶皱造山，隆起为陆，基本结束长期海侵的历史。

侏罗系（J）：下侏罗统下部为海陆交互相含煤沉积，下侏罗统上部至中侏罗统为陆相沉积，总厚为701～1210 m。上侏罗统缺失。

白垩系（K）：属陆相沉积，下统主要为滨湖、浅湖相紫红色砂泥岩及山麓相砂砾岩，局部夹盐湖相沉积。上统岩相复杂。厚达227～2983 m。

古近系和新近系均为陆相沉积。

二、构造发展史

根据地层间区域性不整合，结合沉积建造和岩浆活动，将锡矿山地区的地质构造运动划分为五期：武陵—雪峰期、加里东期、海西期、印支期—燕山期和喜山期。

（1）武陵—雪峰期。

武陵—雪峰期是湘中盆地下基底构造层的形成和发育阶段。地壳活动性强，为大幅度快速沉降。武陵运动使冷家溪群全面变质，晚元古代时地壳活动性变弱。雪峰运动属于造陆运动，使本区抬升成陆，并造成板溪群与震旦系之间低角度不整合接触。

（2）加里东期。

震旦系至下古生界各系之间为整合接触，反映连续沉积的特征，形成湘中盆地上基底构造层。受加里东运动影响，本区地壳自晚奥陶世末开始，寒武系和奥陶系褶皱抬升，中、上志留统缺失。中志留世末，表现为强烈的造山性质，前泥盆纪地层发生紧闭线性褶皱并局部倒转。下志留统与上覆中泥盆统之间呈高角度不整合接触。华南广西运动结束后，本区结束地槽阶段，地台时期开始，本区进入一个相对稳定阶段。

（3）海西期。

海西期为湘中盆地的盖层发育阶段。盖层主要为上古生界泥盆系—中生界中三叠统，是一套准地台型沉积，以海相沉积的碳酸盐岩夹泥页岩为特征。

在泥盆纪华南海发生了明显的陆内裂陷作用，桂中、桂东北、桂西、黔南地区出现台间拗拉槽，中泥盆世拗拉槽逐渐向北东方向扩展，并达湘中地区。在湘中地区形成广泛的碳酸盐台地和台盆相间分布的格局。

海西期主要表现为频繁的振荡运动，从晚泥盆世开始，海进海退交替频繁。

（4）印支期—燕山期。

中三叠世末，印支期主幕安源运动发生，陆内造山作用的结果致大规模脆-韧性构造变形叠加在早古生代韧性变形之上，形成了一系列 NW 逆冲断层和不对称褶皱。

中生代早侏罗世的东部大洋板块向华南大陆之下低角度俯冲作用，在华南形成了 NE-NNE 向褶皱逆冲构造系统，本区地壳抬升，接受剥蚀，海水向西南退去，拗拉槽范围随之向南移动至图外，造成上侏罗统缺失，白垩系为一套碎屑岩为主的陆相沉积。与此同时，地壳的增厚作用和壳幔相互作用导致了软弱的华夏加里东褶皱基底的再次强烈复活，诱发了强烈的岩浆活动。

中生代晚白垩世是本区的构造环境由大陆边缘环境向伸展环境的转变阶段，华南地区由挤压向伸展构造应力体制转变可能起始于早白垩世，早白垩世构造环境的转变是形成大规模燕山期岩浆和成矿作用的关键。锡矿山矿田的煌斑岩脉也形成于燕山期。

（5）喜山期。

古近纪和新近纪均为陆相沉积，新生代（喜山期）为构造抬升下的盆地消亡阶段。

知识点之一：F-F 生物大灭绝事件

泥盆纪后期灭绝事件（Late Devonian extinction），又称泥盆纪晚期灭绝事件，是显生宙以来五大物种灭绝事件之一，发生于晚泥盆世的弗拉期（Frasnian）与法门期（Famennian）之间，古生物学家习惯称它为 F-F 生物大灭绝。早在百余年前，即国际年代地层单位弗拉阶、法门阶创名之初，研究者已注意到浅海相底栖生物群落在 F-F 界线附近发生了明显的更替。之后，Mc Laren（1970）首次正式提出"F-F 事件"，代表了全球尺度上的一次重大生物集群灭绝事件，并认为这次灾难事件可能由地外天体撞击地球引发。

F-F 生物大灭绝导致海洋中至少 80% 的物种消亡、群落结构明显更替、地史时期最大的后生动物礁系统彻底崩溃，深刻改变了地球生命的演化进程。以腕足动物为例——腕足动物是泥盆纪重要的浅海底栖生物，与珊瑚类似，F-F 事件也是腕足动物由泥盆纪类型向石炭纪类型转变的重要节点。F-F 事件导致五房贝目和无洞贝目腕足动物灭绝，并使正形贝目和扭月贝目受到重创，继之以法门期长身贝目、石燕贝目和小嘴贝目的繁盛为特征。跨越 F-F 界线，全球腕足类 71 个属中仅有 10 属存活下来。在华南地区，弗拉期晚期已知的腕足类共有 34 属，其中仅有 8 属延续至法门期。F-F 生物大灭绝规模大，具有三个特点，即灾难性、同时性和全球性。

F-F 事件发生的时间，依据高精度的 U-Pb 同位素年龄和天文年代标尺模型，认为 F-F

界线年龄应为 371.93~371.78 Ma。因此，F-F 事件发生时间应不晚于 371.78 Ma。

作为传统定义的一部分，黑色岩系一直是 F-F 事件重要的识别标志，在全球范围内表现为富含有机质的泥/页岩、泥质灰岩和沥青质灰岩等，产出厚度从小于一米至几十米不等，常以夹层、薄层或瘤状灰岩等形式出现。从 20 世纪 80 年代开始学者们将这种黑色岩系与 F-F 之交的生物灭绝事件相联系，作为 F-F 事件期间全球海洋缺氧的有力证据。

泥盆纪晚期的 F-F 大灭绝的原因一直是扑朔迷离，假说众多，仍争论不休。主要假说有全球性海退说、小行星撞击说、火山喷发说、气候变冷说、藻类泛滥说和物种入侵说等。也有学者认为不是单一因素引起的，频繁的海平面升降、海洋缺氧和泥盆纪温室地球极热条件下的气候快速变冷等多因素综合作用是造成 F-F 生物大灭绝的主要原因。晚泥盆世西伯利亚板块和俄罗斯地台上由地幔柱造成的大规模的火山作用可能是造成地球表层系统中气候环境发生剧变的最终触发机制，最终导致 F-F 之交全球气候异常突变、浅海区域海洋缺氧和 F-F 生物大灭绝。

知识点之二："宁乡式"铁矿的基本特征

"宁乡式"铁矿是我国最重要的沉积型铁矿床，广泛分布于我国南部的鄂、湘、赣、川、滇、黔、桂诸省以及甘南地区。含矿建造主要赋存于中上泥盆统，而以上泥盆统为主。可划分出 7 个成矿区，其中最重要的是鄂西—湘西北成矿区。在一个矿床中通常有多层铁矿，其中有一个是主矿层。矿石主要由鲕状赤铁矿组成，其次有菱铁矿、鲕绿泥石和褐铁矿，含铁品位一般为 30%~45%，含 P 通常偏高，介于 0.4%~1.1%。中泥盆世和晚泥盆世沉积铁矿在分布范围、矿床规模、赋矿围岩建造和矿石特征等方面有一定差异。含矿建造大多产于海侵序列的沉积岩系中，在湿热环境下较封闭或半封闭的古海盆、古海湾或潮坪中的浅海-滨海相沉积组合是有利的成矿古地理条件。

位于湘中—湘东的"宁乡式"铁矿的含铁建造划归为地台海相碎屑岩-碳酸盐岩型，由海相沉积的陆源碎屑岩和碳酸盐岩组成，以细碎屑岩为主体。下部的碎屑岩组主要为含铁砂岩、石英砂岩、泥质砂岩、粉砂岩和黏土质岩。上部的碳酸盐岩组主要是不纯的灰岩(多为泥灰岩)和白云岩类。含铁建造是在古陆长期风化剥蚀后，超覆其上，多位于海侵岩系的下部，矿层大多产在细碎屑岩中，特别是粉砂岩向页岩递变处。产出的部位是在下部的碎屑岩组中，以赤铁矿-菱铁矿-鲕绿泥石型矿石为主，含铁品位中等，矿层延伸、延长较大。

湘中—湘东的"宁乡式"铁矿的矿床绝大多数为中小型规模，共发现大型铁矿床 1 处，中型铁矿床 11 处。赋矿层位为上泥盆统佘田桥组和锡矿山组。矿体呈层状、似层状和透镜状。含矿层数多，通常为 1~5 层，主矿层有 1~2 层；平均厚度 1~2 m，延长数百米至数千米。铁矿体的赋矿围岩主要为砂页岩和粉砂岩，夹薄层灰岩或泥灰岩。矿石矿物组分比较简单，以鲕状赤铁矿为主，褐铁矿次之，菱铁矿微量；脉石矿物主要有石英、方解石、白云石、绿泥石等。矿石结构主要有鲕状结构、等粒结构、生物碎屑状结构和隐晶结构；矿石构造主要为豆状构造、胶状构造和块状构造。矿石品位(TFe)一般为 30%~45%，有些矿床有品位大于 45% 的富矿。矿石化学成分特征为 S 的含量低(<0.1%)，P 的含量较高(0.1%~0.9%)，SiO_2 (3.0%~20%)和 CaO(3.0%~20%)变化幅度大，属高磷低硫贫矿石。含矿岩系厚度、矿层厚度和品位一般呈正比关系。代表性矿床主要有插花庙、七里江、潞水、清水、田湖、排前和凉江。

第三章

实测地层剖面

地质填图实习的工作程序一般可以分为三个阶段，即准备工作阶段、野外工作阶段和室内资料综合整理阶段。具体工作流程见图 3-1。鉴于实测地层剖面和路线地质填图在本次地质填图实习中的重要地位，本教程分两个章节对其进行详细介绍。

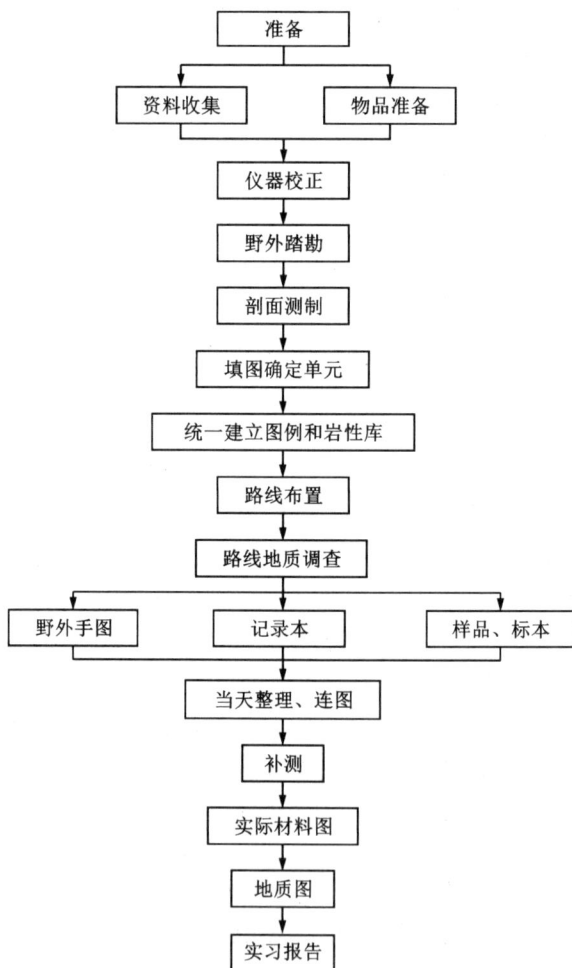

图 3-1　地质填图实习工作流程图

地质剖面是研究地层、岩石和构造的基础资料，根据剖面资料划分填图单元，是地质填图工作的前提。野外实地踏勘之后，在正式开展路线地质填图之前，首先要测制填图区内一条或多条具有代表性的地质剖面。实测地质剖面根据研究目的和对象的不同，又可以分为实测地层剖面、构造剖面、岩浆岩侵入体剖面以及矿产地貌剖面等。对于本次地质填图实习来说，主要掌握实测地层剖面的测制方法。

通过实测地层剖面建立填图区范围内的地层层序是进行大面积地质填图的先决条件。其目的是系统地掌握测区内所有地层的岩石特征(岩石类型、岩石组合、颜色、厚度、主要矿物成分、结构、构造、生物化石、地层层序、接触关系、沉积相以及含矿层位等)，以便进行测区内地层对比，编制综合地层柱状图和建立岩石地层单位，并据此确定地质填图单元和标志层。

实测地层剖面又可分为全层实测和重点段实测。全层实测是指对填图区内所发育的全套地层从老到新进行全部测制。本次地质填图实习在填图区内对重点段(即锡矿山组陶塘段、兔子塘段和泥塘里段)进行实测，在测区内测制2~3条地层剖面。实测剖面的位置应标注在手图及最终的地质图上。

一、实测地层剖面的目的和要求

目的：查明填图区的地层层序(岩性、化石、厚度、时代、环境等)，建立岩石地层单位，绘制地层剖面图和柱状图，确定填图单元和标志层。

要求：查明以下信息。

(1)地层的层序、岩性、岩相特点及其变化。

(2)层、段和组的划分，地层厚度。

(3)地层间的接触关系(整合、不整合和假整合)。

(4)古生物化石。

(5)地层形成的时代。

(6)地层形成的地质环境。

(7)确定填图单位，寻找和确定填图标志层。

(8)查明地层的含矿性以及含矿层在剖面的位置。

二、野外工作步骤

(一)查阅资料，野外踏勘，选择实测剖面位置

实测剖面选择原则及要求：

(1)剖面总方向尽量垂直于地层走向或平均走向(60°~90°)，否则误差较大。

(2)地层出露齐全，岩性组合和厚度具有代表性。宜选择多段剖面，控制区域中的每个地层单元。

(3)构造简单，尽量绕过褶皱、断层发育的地段。为避免地层的重复和缺失，可选择褶皱的一翼。

(4)露头良好、连续，接触关系清楚。当剖面需要平移时，最好沿着某一标志层进行平移，同时在手图上注明平移方向和距离。

(5)化石丰富。

(6)剖面线尽量少拐弯,否则增大测量的累积误差。

(7)剖面通视、穿越条件好。

(8)按规范要求选择比例尺,以能够反映最小地层单位或岩石单位为原则。厚度小于1 mm,但具有特殊意义的单层,如标志层、化石层、含矿层以及岩脉等,可以适当放大表示,但在记录中要注明其真实厚度。

(9)剖面起点/终点的位置、地质点、地层分界线位置,都要准确标定在地形图上。

(二)岩石地层单位的种类

群(group):一般由纵向上相邻两个或两个以上具有共同岩性特征的组联合而成,是比组高一级的岩石地层单位。群的上下界线往往为明显的沉积间断面(平行不整合或角度不整合)。群内不能有明显的沉积间断或不整合存在。群的命名由具有代表性的地名命名。

组(formation):是岩石地层的基本单位,是划分适度的地区性或区域岩石地层单位。组在总体岩性上一致,并具可填图性(1:5万)。组的岩石组合可由一种岩石构成;或者以一种主要岩石为主,夹有重复出现的夹层;或者由两三种岩石交替出现所构成;还能以很复杂的岩石组分为一个组的特征,而与其他比较单纯的相组区别。组的界线应为清楚、稳定的特殊岩性变化面或特殊结构构造标志层。组内不应存在长期地层间断。组名一律用地名加"组"命名。但如果一个组岩性单一,也可以用地名加岩石名命名。组的符号采用在系或统的后面加汉语拼音头一个字母表示,用小写斜体字表示。

本测区出现的组为佘田桥组(D_3s)和锡矿山组(D_3x)。

段(member):是低于组高于层的岩石地层单位,正式命名的段具有与组内相邻岩层明显不同的岩性特征,并且分布范围广,代表组内具有明显岩性特征的一段地层。段可用地名加"段"来命名,也可以用岩性名称加"段"命名。

本测区出现的段分别为佘田桥组的七里江段、泥灰岩段和锡矿山组的陶塘段、兔子塘段、泥塘里段、马牯脑段和欧家冲段。

层(bed):是最小的岩石地层单位,是指岩性、成分、生物组合等具有明显地质特征,显著区别于相邻岩层的单层或复层。层的厚度可为数厘米至十余米。

标志层:标志层又称标准层,是指一层或一组具有明显特征,可作为地层对比标志的岩层。标志层一般应当具有所含化石和岩性特征明显(特殊的颜色、化石、岩性、沉积矿产和构造等)、层位稳定、厚度不大、分布范围广、易于识别的特点。

在锡矿山填图区锡矿山组的泥塘里段(D_3x^3)自下而上第二层的"宁乡式"赤铁矿层或铁质砂岩因层位稳定、厚度小、分布范围广、颜色鲜艳、在野外易于识别,可以作为标志层。用好标志层,可以提高填图的准确性和填图效率。

(三)岩石地层单位的命名

群的代号是在相应的年代代号之后+群的地理名称汉语拼音首位字母大写斜体;如果在同一个纪或代中有两个群的首位字母重复时,则年代较老的群用一个大写字母斜体,较新的群在头一个字母之后+第二个汉字汉语拼音首个字母小写斜体声母。

跨时代的群,由老到新用第一个时代代号以半字符"-"号连接后一个时代的代号表示,

如阿拉善群 Ar_2–Pt_1A。

组的代号采用在纪或世的代号后+组名汉语拼音首位字母小写斜体，如安顺组 Ta；同一个纪或世内有两个组的首位字母重复时，则年代较老的组用一个小写字母斜体，较新的组则在头一个字母之后+第二个汉字汉语拼音首个字母小写斜体声母，如东坡组 Z_3dp。

跨系、统(世)的组，在连写两个年代地层代号之后+组的地理名称汉语拼音首位字母小写斜体表示，如然西组 SD_1r。

因制图、编图的需要，两个或两个以上多个组归并时，在年代代号后+组名代号。两个组并层时，由老到新用第一个组代号以半字符"–"号连接第二个组的代号的命名地首字汉语拼音小写斜体，如馒头组—张夏组 $Єm~z$。两个以上组合并时用"~"连接最后一个组的代号的命名地首字汉语拼音小写斜体表示，如馒头组—张夏组—崮山组 $Єm~g$。

亚组的代号是在组名代号的右下角注以正体阿拉伯数字 1、2、3 下标表示，如莲沱组上亚组 Z_1l_2。

段的代号在组的代号右上角注以段的地理名称汉语拼音第一个声母小写正体，用上标表示，如中寒武世张夏组盘车沟段 $Є_2z^p$。

非正式段在组代号右上角标注正体阿拉伯数字，用上标表示，如休宁组第三段 Z_1x^3。

非正式岩石地层单位代号，用其岩石名称英文缩写小写斜体表示，如生物礁 organic reef 用 or 表示，礁灰岩 reef limestone 用 rl 表示；如有前缀地理名称命名者则典型命名地的第一个汉语拼音小写斜体加上岩石名称的代号小写斜体表示。

在地层工作中，层的命名原则是：对关键层、标志层等可以正式命名，也可以不正式命名。命名层的表示方法是：层所在时代代号加命名地(层的典型地区附近的地理名称汉语拼音首字母小写斜体上标表示)，如观音桥层，用 O^g 表示。

(四) 野外踏勘

1. 野外踏勘的目的

野外踏勘的主要目的有三个：一是要概略地勘测与了解工作区内的地质情况，如基岩的分布和出露程度，覆盖物的类型与覆盖面积，主要地层单位的特征和填图单位的划分标志，各类地质体的主要特征，分布范围与接触关系，构造的主要类型，构造线的方向和构造的复杂程度以及选择实测剖面的位置等。二是了解工作区的自然、经济地理概况，如工作区的山川地势及穿越程度，交通运输条件，气候变化特征，居民点和人文环境，厂矿的分布，工农业的物产等，选定基地和宿营地。三是要检查验证有关资料，如前人工作成果的质量及其资料的可利用程度，地形图的精度等，为全面开展地质填图工作提供可靠依据。

2. 布置踏勘路线的原则

踏勘路线应垂直于各类地质体和区域构造线方向，并尽量穿越工作区所出露的全部地层，以大致了解工作区各时代地层的岩性组合特征、化石面貌、工作区构造轮廓及岩浆活动等。

3. 信手剖面图的绘制

为了了解岩石性质、地层层序和地层接触关系及测区主要的褶皱和断层等构造特征，建立整体的概念，在地质踏勘进行路线穿越时，一般要作连续的信手剖面图。信手剖面图是在野外边观察边绘制而成的，不允许回到室内绘制。绘制方法和步骤如下：

（1）确定信手剖面的起始点。信手剖面的起点和终点一般是一条踏勘路线的第一个观测点和最后一个观测点，一般应标注在野外手图（地形底图）上，起点和终点的连线应该垂直于研究区主要地层和构造线的方向，因此信手剖面图常在路线穿越法中使用。

（2）确定绘图比例尺。比例尺要根据每条路线的长度视实际情况而定，不要求每条路线的信手剖面的比例尺都一样。总的原则是所绘出的信手剖面图尽量将完整地层显示在野外记录本的同一页上，如因各种原因不能满足，也要尽量减少页数，以达到完整、系统的效果。

（3）确定各点间的水平距离和各点的高程。信手剖面图第一个观测点（起点）标定在地形图上后可读出该点高程，第二个观测点的高程也可用同样的办法得知，根据图上两点的平距和高程差，按比例尺内插求出两点间所需的不同高程点，相邻高程点的连线即为地形线，以此方法类推，直至整个剖面作完。对于有经验的地质工作者来说，完全可以抛开地形图，目测斜距和坡度角，信手勾绘地形线。

（4）测量地层产状，根据踏勘路线中的观测点标注地质特征。在观测点上要测定有代表性的地层产状并标注在剖面的相应位置上，填绘国标岩性符号，同时标记分层号（实测剖面时）和地层代号等。此外，如有褶皱、断层、岩体等，应准确将其形态特征绘出。对各种地质现象特征如风化壳、含矿层、蚀变、化石等也应加以表示，有些情况下允许加注必要的文字，以弥补符号的不足或使其更加醒目。

（5）标注样品采集层位和标本编号。

（6）完善图名、图例、方位、主要地物、绘图日期及绘图者等。为了反映剖面位置，突出剖面图描述对象，信手剖面图图名常以剖面位置+描述对象+"剖面图"方式命名。在绘制信手剖面图时，要求使用国标图例，但在野外制图时，为了提高工作效率，一些常见的地层岩性、地质年代和构造图例可以省略。方位即剖面走向，可直接用罗盘测量。如果剖面较长或中间有遮挡，也可以根据剖面起始点和终点在野外手图上的位置连线得出方位。

从作图技巧上讲，应注意以下"三个准确"。

一是剖面图中的地形线要勾画准确。

二是标志层和重要地质界线的位置要画准确，如断层位置、含矿层位置、侵入岩体（脉）位置等。

三是岩层产状要画准确，尤其是倾向不能画反，倾角大小要符合实际情况，厚至巨厚层状岩层的岩石花纹画 3 mm 宽，中厚层状画 2 mm 宽，薄层状画 1 mm 宽。此外，线条花纹要细致、均匀、美观，字体要工整，各项标记的布局要合理，参考图3-2。

（五）路线踏勘的内容和要求

本次实习野外路线踏勘共安排 3 条路线，以大组为单位，在老师的带领下观察，具体内容和要求如下。

1. 路线1（七星加油站—仙人界山顶）

从实习基地乘车至七星加油站，经锑都环保厂区沿仙人界西北坡登上仙人界山顶（714.6 m）。沿途观察锡矿山组兔子塘段（D_3x^2）、泥塘里段（D_3x^3）、马牯脑段（D_3x^4）地层和

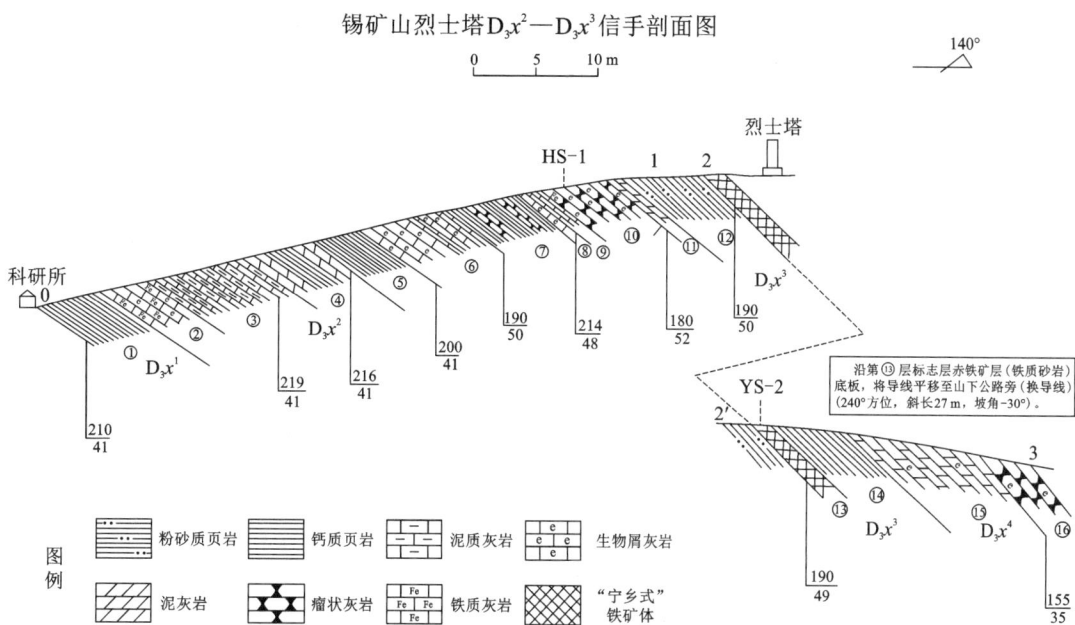

图 3-2　锡矿山烈士塔信手剖面图

穿风岭背斜。路线观察内容如下。

（1）锡矿山组泥塘里段（D_3x^3）岩性及岩性组合特征，并对"宁乡式"铁矿进行描述。

（2）在锡矿山组马牯脑段（D_3x^4）地层中寻找腕足类及动物遗迹化石，对采集的化石进行鉴定，分析其生态意义并推断其沉积环境。

（3）观察、描述锡矿山组马牯脑段（D_3x^4）上部厚至巨厚层状含生物碎屑灰岩中的黄铁矿结核和缝合线构造。

（4）观察、描述锡矿山组马牯脑段（D_3x^4）灰岩中的同生角砾构造，并分析其成因。

（5）比较马牯脑段（D_3x^4）下部、中部和上部的岩性特征差异，并对其沉积环境的变化进行分析。

（6）观察穿风岭背斜从核部到南东冀地层的产状和岩性变化。

（7）绘制信手路线剖面图。

（8）登高望远，对照地形图，认识冷锡公路、冷锡公路的鼻形急弯、简易公路、F_{75} 断层通过处、七里江铁矿、烈士塔、π32 高地、π35 高地、π36 高地、π37 高地、π41 高地、肖家岭、大岑坪、陡崖、水塘、兰田湾、新江冲、老江冲、同裕湾、艳山红等地形地物。

（9）学会使用 GPS 在地形图上确定地质点的点位。

（10）复习罗盘的使用方法，练习后方交会法确定地质点的点位和测量岩层产状及坡角。

思考题

（1）黄铁矿结核一般形成于什么样的沉积环境？

（2）地层间的接触关系有哪些类型？锡矿山组的兔子塘段（D_3x^2）、泥塘里段（D_3x^3）和马牯脑段(D_3x^4)之间是哪一种接触关系?

(3)使用后方交会法确定地质点的点位时至少需要两个地物,对地物有什么要求?

(4)讨论缝合线构造的特点和成因。

(5)讨论腕足类和珊瑚的不同生活环境。

2.路线2(七星加油站—老江冲)

从实习基地乘车至七星加油站,沿简易公路至老江冲,观察泥盆系上统锡矿山组马牯脑段(D_3x^4)、泥塘里段(D_3x^3)、兔子塘段(D_3x^2)、陶塘段(D_3x^1)和佘田桥组泥灰岩段(D_3s^3)等地层,以及穿风岭背斜、仙人界向斜、物华(老江冲)背斜、F_3断层等构造和煌斑岩脉。路线观察内容如下:

(1)观察锡矿山组兔子塘段(D_3x^2)底部含棕色铁质斑点的生物碎屑灰岩的特征。

(2)观察泥塘里段(D_3x^3)中的"宁乡式"赤铁矿层的地质特征,讨论其形成环境和沉积相。

(3)观察泥塘里段的风化特征、地形地貌特征和植被发育情况。

(4)观察F_3断层的上下盘特征,寻找断层存在依据,判断断层性质。

(5)观察锡矿山组马牯脑段(D_3x^4)底部泥灰岩的岩性特征、风化特征和化石特征,观察和采集珊瑚和云南贝、小云南贝等腕足类化石。

(6)观察复式褶皱中的穿风岭背斜、仙人界向斜和物华背斜的核、翼部地层之间的新老关系、产状变化,物华背斜的倾伏端特征和"宁乡式"赤铁矿层的对称式重复出现。

(7)观察佘田桥组泥灰岩段(D_3s^3)中层内褶曲和生物碎屑灰岩。

(8)观察煌斑岩的颜色、厚度、主要矿物成分、结构构造、次生变化、与围岩接触关系等一般特征,讨论其与石英砂岩的相同点与不同点。

(9)观察上泥盆统的弗拉阶与法门阶的分界线,即传统的佘田桥阶与锡矿山阶的分界线,讨论F-F生物大灭绝事件。

(10)绘制踏勘路线信手剖面图。

思考题

(1)晚泥盆纪F-F生物大灭绝前后生态环境可能发生了哪些变化?腕足类代表性的种属发生了哪些变化?

(2)煌斑岩属于基性岩还是超基性岩?煌斑结构有什么特点?

(3)如何描述瘤状灰岩和生物碎屑灰岩?分别讨论其成因。

(4)在锡矿山组马牯脑段(D_3x^4)和兔子塘段(D_3x^2)中的厚至巨厚层状灰岩为什么在地貌上易于形成陡崖?

(5)如何判断泥盆系上统锡矿山组陶塘段(D_3x^1)、兔子塘段(D_3x^2)、泥塘里段(D_3x^3)、马牯脑段(D_3x^4)地层之间的接触关系?

3.路线3(老江冲—独立小屋—红军亭)

由实习基地乘车至七星加油站,再沿简易公路东南方向步行至老江冲,观察锡矿山组兔子塘段(D_3x^2)、陶塘段(D_3x^1),佘田桥组泥灰岩段(D_3s^3)、七里江段(D_3s^2)地层,以及物华背斜构造、F_1 断层和煌斑岩脉。路线观察内容如下：

（1）观察锡矿山组兔子塘段（D_3x^2）的岩性特征、陡崖地貌特征和兔子塘段（D_3x^2）与陶塘段（D_3x^1）的地层界线。

（2）在公路旁侧的人工剖面由北向南观察锡矿山组陶塘段（D_3x^1）钙质页岩中的灰岩透镜体及其风化特征。

（3）观察 F_1 断层通过处两侧的地层和地貌特征，查找断层存在的依据。

（4）观察物华背斜北翼佘田桥组泥灰岩段（D_3s^3）的地貌特征和植被发育情况。

（5）观察物华背斜核部地层佘田桥组七里江段（D_3s^2）硅化（灰）岩特征，讨论其与锡矿山组泥塘里段铁质砂岩的异同点。

（6）在独立小屋物华背斜核部地层佘田桥组七里江段（D_3s^2）硅化（灰）岩出露处，观察、描述锑矿化和剪节理等地质特征。

（7）观察物华背斜南翼连续出露的佘田桥组泥灰岩段（D_3s^3）和锡矿山组陶塘段（D_3x^1）地层特征、地貌特征和植被发育情况，并与北翼对应地层进行对比。

（8）在红军亭的西北侧观察锡矿山组陶塘段与兔子塘段的地层界线及兔子塘段底部的中厚层状含铁质斑点的生物碎屑灰岩。

（9）在 π37 高地观察煌斑岩脉的分支、石英捕虏晶和球粒风化等地质现象，测量煌斑岩的产状和出露宽度。

（10）绘制踏勘路线信手剖面图。

思考题

（1）佘田桥组泥灰岩段（D_3s^3）与锡矿山组陶塘段（D_3x^1）中的化石特征有什么不同？

（2）覆盖在含矿层佘田桥组七里江段（D_3s^2）之上的泥灰岩段（D_3s^3）和陶塘段（D_3x^1）中的钙质页岩和泥灰岩对锑成矿有什么积极作用？

（3）相对于向斜构造而言，在锡矿山矿田为什么背斜构造更有利于锑成矿作用？

（4）讨论独立小屋佘田桥组七里江段（D_3s^2）硅化（灰）岩中 X 型节理的成因及与物华背斜的关系。

（5）赋存于锡矿山组泥塘里段（D_3x^3）中的"宁乡式"铁矿床与佘田桥组七里江段（D_3s^2）中的锑矿床在成因上有什么不同？对这两种矿床的主要控矿因素进行讨论。

（六）实测地层剖面测前分工和准备工作

1. 分工

实测地层剖面以小组为单位进行，每个小组 4~6 人，既分工合作，又要角色轮换。为了便于组织，每个小组选派一名组长，实行组长负责制。

（1）前测手 1 人：导线方位，坡角，导线长度（斜长）。

（2）后测手 1 人（前后测手身高一致）：导线方位，坡角。

前、后测手的任务：在确定的剖面线上，选择导线并做上标记；在选择导线点时，应选择在地形起伏明显或者是剖面方向的转折处；测量导线的斜长、导线方向和坡角，导线方向即导线起点到导线终点的方向；将所有数据报给表格记录员。测量导线方位和坡角均以后测手为准，导线点尽可能选在地质界线点上，如地层界线。

(3)分层员1人：根据分层要求，合理确定每个分层界线的起始位置。

分层员的任务：对地层进行合理分层，将每个分层的分层号、岩性(岩石名称、颜色、结构、构造、主要成分、组合规律)、化石(化石种类、富集程度、完整性、定向性、围岩等)、接触关系、分层界线起始位置(导线上的分层斜距)报告给表格记录员进行记录。对重要地质点如系与系、组与组、段与段的分界线，矿体，重要化石等进行描述。如果分层员对分层界线和岩石名称等无法准确确定，可先在小组内商量解决，如仍无法解决，可咨询现场指导老师。

(4)标本采集员1人：各类样品采集和地层产状测量。

标本采集员的任务：采集各类标本将对其进行编号和标识，在标本的适当位置用白油漆或记号笔将编号写在上面，并将标本编号、名称和采集点的相应位置即在导线上的斜距(皮尺或测绳上的读数)报给表格记录员。与此同时，标本采集员还要测量各分层代表性的地层产状，将产状测量结果及相应位置报给表格记录员进行记录。

(5)表格记录员1人：填写实测剖面野外原始数据，野外全组一份，室内每人清抄一份，记录在野外记录本的相应位置。

表格记录员的任务：详细填写实测剖面记录表，在每一根导线测量完毕之后，要将所有数据填写完整，并在实测现场进行核对，确保所有数据准确无误。野外记录内容参考表3-1。

(6)绘图员1人：实测剖面信手剖面图、重要地质现象素描或照相。

绘图员的任务：在地形图手图上标绘剖面内容，包括剖面的起点和终点及剖面线的位置、实测剖面编号、具有代表性的地层产状、剖面上的地质点和点号、地层分界线和代号等。绘制实测剖面信手剖面图，标明剖面方向、地形线、分层界线、分层号、地层代号、产状、接触关系、标本采集位置、导线号、图名图例和比例尺等。对重要地质现象，如地层接触关系、重要沉积构造、矿体、岩脉、蚀变带等，绘制地质素描图或拍摄照片，在野外记录本记录照片时，要记录照片的编号、时间、地点、天气、导线号、分层号等相关内容。

2. 标准剖面的分层要求

(1)分层应综合考虑岩石的颜色、成分、结构、构造等特征，及矿物、化石、层间接触关系、界面与沉积间断等因素，凡有明显变化处，应当分层。

(2)分层厚度大小根据成图比例尺而定。标准剖面的柱状剖面图比例尺一般规定为(1∶1000)~(1∶500)。

(3)对有特殊意义的标准层，不论厚度大小，均应单独分层。

(4)地层分层应能与区域地层剖面对比。

(5)对分层间的接触关系，应在横向上追索，收集足够的证据；同时应描述剖面地层的风化与地貌特征。

(6)分层岩性描述要求真实全面，重点突出。

3. 剖面比例尺的选择及有关精度要求

(1)剖面比例尺：根据剖面所要研究的内容、目的、岩性复杂程度等，精度要求视实际情况具体对待。

（2）剖面上的分层精度的要求：原则上在相应比例尺图面上达到 1 mm 的单位（厚度）均需表示，但一些重要或具特殊意义的地质体，如标志层、化石层、含矿层等，其厚度在图上虽不足 1 mm，也应放大到 1 mm，并在文字记录中说明。

（3）剖面的平移：剖面通过区如遇到大片覆盖物、天然障碍或由构造破坏造成的测制意义不大的地段，则需要平移。平移应以一定的标志层或实测物顺层追索为准。一般平移距离不得大于 500 m。

4. 剖面测量中的地质观测

岩性：是观察的主要内容，包括岩石的颜色、厚度、结构构造、矿物成分和原生层面构造等。分层的岩性，可用"颜色+层理+结构+成分"的命名方式予以概括，例如"紫红色中厚层状石英砂岩"，然后再补充描述具体特征。除了对岩石成分、颜色详细描述外，还要注意对原生沉积构造的观察记录，包括"层"的形态、层理类型、单层厚度、各种交错层理、滑塌变形、液化变形、原生与次生孔洞、生物潜穴、叠层石等；层顶层的波痕、干裂或水下收缩裂隙、生物遗迹；层底面的各类印痕、印模等均需全面观察，对主要的地质现象要进行素描和照相。

化石：生物化石既具有年代意义又是良好的沉积环境指示物，是确定地层时代和进行地层对比的主要依据之一，故必须加强对沉积岩中所含化石的研究，至少要描述肉眼能分辨的化石类组合特征、个体形态、保存状况、分布状态及其与岩性和沉积构造的关系、排列的优选方位和遗迹化石的类型等。应逐层尽量采集化石，种类要全，数量要多，每个化石采集点的层位，特别是首现和末现的位置均需测量记录。

地层含矿性观测：发现矿床是地质填图的重要目标之一。如果在地层中发现矿化，要仔细观测其矿化类型、矿物组合、空间分布、矿（化）体形态、围岩蚀变、与围岩的接触关系等矿化特征，定地质点进行详细描述和记录，同时取样、拍照和素描。

地层接触关系的观测：仔细测量接触面上下岩层产状，观察其岩性、化石类型、构造特征、变质程度差异，观察有无侵蚀间断面、底砾岩、古风化壳、矿层和角度不整合等。对于连续沉积的岩层，要注意岩性如何渐变过渡。

沉积韵律的观测：沉积韵律反映了地壳运动造成的沉积岩层物质成分的规律性变化，是地层划分的重要依据。

地质构造的观测：逐层测量岩层的产状，特别注意有无褶皱和断裂的存在，因为有褶皱与断裂就不能准确获得地层的层序厚度，达不到剖面测量的目的。

其他观测：水文地质、工程地质、旅游地质、灾害地质、地貌、古流向等。

5. 实测剖面必备工具

（1）罗盘、锤子、放大镜和手机（GPS 和拍照）。
（2）测绳或皮尺（50 m 或 100 m）、直尺或三角板、量角器。
（3）铅笔、橡皮、记号笔、野外记录本、样袋和实测剖面记录表格。
（4）地形图（野外手图）和地质图。

6. 剖面测制方法

地层剖面的测制方法主要有直线法和导线法两种。对于露头出露，通行条件、通视条件良好或长度不大的短剖面可以采用直线法。实测剖面时反复测量导线的前进方向，各导线始终保持在一个方向上。这种方法由于条件要求高，受限因素多，不常用。导线法实测剖面时，由于前进方向的地形变化，如上坡、下坡、拐弯和障碍物(水塘、沟坎、建筑物等)的存在，导线不能保持在一个方向上，测制时需要分段进行，相邻的导线方位和坡度均可有所不同。这种方法不受通视、通行条件的限制，适应性强，因而广泛使用。

本次地质填图实习统一使用导线法进行地层剖面测制。

(1)根据踏勘选定的剖面位置、地形起伏、障碍物和野外交通状况合理布设第一条导线，并将剖面起点位置标定在地形图手图上。

(2)由身高相仿的前、后测手用罗盘测量和互校每条导线的方位与地形坡度角。

(3)用皮尺或测绳测量所在导线的坡面斜距。

(4)从导线起点"0"开始，分导线进行逐段测量，依次以"0~1""1~2""2~3"等记号方式，依次对分导线连续编号。

(5)野外分层、逐层观察、产状测量、描述、记录、拍照和取样。

(6)组内人员按照分工各司其职，从导线起点开始工作，直到整个剖面测量完成为止。

(7)导线施测过程中，要填写好记录表格(表3-1)，作好信手剖面图和重要地质现象素描图。

7. 实测剖面记录表格及主要含义

如前所述，实测地层剖面的测量方法主要有直线法和导线法两种。前者适用于剖面短、地形简单的测量；后者适用于剖面长、地形复杂、障碍物较多的测量。锡矿山地质填图实习采用导线法进行实测地层剖面测量。实测剖面记录表格野外完成部分如表3-1所示。

表3-1 实测剖面记录表(野外部分)

起点 GPS 坐标：X:　　　　　　Y:　　　　　　Z:

1	2	3	4	5		6	7		8	9	
导线号	导线长/m	导线方位/m	坡角/(°)	分层		分层斜距/m	产状		岩性描述	标本、样品	
				分层号	地层代号		倾向/(°)	倾角/(°)		编号	位置/m
0~1 ···	L	B	θ	①② ···		I	A	α	(颜色、厚度、岩石定名……)	H, B···	
0~1	9.48	313	8	①	D_3s^3	3.65	328	35	深灰色中厚层状泥灰岩，见腕足类生物化石	B1-1	3.1
				②	D_3s^3	4.28	328	37	灰色中厚层状生物碎屑灰岩，含黄褐色铁质斑点	H2-1	3.8
				③	D_3x^1	9.70	330	39	深灰色钙质页岩，风化色为褐黄色		
				···							

续表3-1

1	2	3	4	5		6	7		8	9	
导线号	导线长/m	导线方位/m	坡角/(°)	分层		分层斜距/m	产状		岩性描述	标本、样品	
				分层号	地层代号		倾向/(°)	倾角/(°)		编号	位置/m

组长：　　　　记录人：　　　　计算人：　　　　检查人：　　　　日期：　　年　　月　　日

实测剖面记录(表格 1~9 栏的含义)：

剖面代号：A-A′。

剖面名称：锡矿山烈士塔 D_3x^2—D_3x^3 实测地层剖面。

导线号：以剖面起点为 0，第一根导线终点为 1，表内记为 0~1，第二根导线记为 1~2，依此类推。每一导线的长度视地形变化而定。

导线长(L)：每一根导线的长度(斜长)。

导线方位(B)：指前进方向的方位角，由前、后测手用罗盘测量平均，测量误差小于 3°。

坡角($\pm\theta$)：各测段导线首尾之间地面的坡角，以导线前进方向为准(后测手)，仰角为正，俯角为负，由前、后测手用罗盘测量平均，测量误差小于 3°。

分层号：从剖面起点开始按划分的地层单位顺次编号，如第一层用代号①表示，第二层用②表示，其他依此类推，同一层可以跨 2 条导线。

分层斜距(I)：分层在导线上的长度。在同一导线上各分层斜距之和等于该导线的总长度。

岩层产状：倾向(A)和倾角(α)，测量产状的位置(如"2 m")，记录在倾向数字的右上角。

岩性描述：要简明扼要，如"灰白色厚层状生物碎屑灰岩"(由分层员报读)。

标本的位置和编号：如标本 HS1-2 表示第 1 号地质点第 2 块化石标本。

以上 9 栏必须在野外完成，没完成，导线皮尺或测绳不能移动或撤走。

8. 导线布设原则

(1)所有导线尽可能沿同一方向，并且垂直于主要地层走向或区域主要构造线方向。尽量减少导线转折，且导线总体上要保持与主要地层(或主要构造)走向垂直。

(2)每条导线的端点(导线点)应布置在地形起伏变化处，同一导线内的地形坡度要基本稳定。注意：导线点不一定是地层的分界点，为了统计和作图的方便，在有条件统一时，应尽量取得一致。

（3）对重要地质现象不清楚地段，可沿标志层或地层某一界面走向平移导线后测制，平移距离控制在 20~30 m 之内。导线平移时，一定要注意沿标志层或地层某界面平移。

9. 更换导线原则

（1）在地形起伏明显变化处或剖面转折处。

（2）尽可能在分层界线处。

10. 几点说明

（1）各分段界面和标志层要有相应的地质观察点（导线斜距位置），描述记录并进行岩石或化石取样。代表性地质点号应该标注在地层剖面图上。

（2）标本采集要求：要有代表性；新鲜可鉴定；规格 3 cm×6 cm×9 cm 或 2 cm×4 cm×6 cm（薄层状）。

（3）采集的样品标本都应及时进行编录，用记号笔进行编号，并标注在信手剖面图和记录本上。岩石标本编号用 YS1-1（第 1 号地质点第 1 块岩石标本）顺着往下编，化石标本用 HS1-1 往下编，编号不能有重复。

（4）剖面起始点要用 GPS 或其他方法测定坐标和高程。

（5）实测剖面导线最好从 W、NW 往 E、SE 方向拉皮尺或测绳，划分、描述到层，每个分层都要求有产状。

（6）剖面的起点与终点应作为地质点，标定在地形图手图上；系与系、组与组、段与段的地质界线点、标志层、化石点和矿化点应重点描述。

11. 注意事项

野外实测结束后，每个人都应该及时对各个地质点描述、实测剖面表格数据、样品和照片等资料进行检查、核校和整理，对素描图、信手剖面图进行清绘，并按规范记录在野外记录本中。实测地层剖面资料是地质填图实习的重要成果之一，部分成果会用在实习报告中，能丰富实习报告的内容。

三、实测地层剖面资料的室内资料整理及制图

(一) 室内原始资料整理

原则上当天的记录要当天整理。室内工作的第一步是核对野外获得的各项数据，各项数据要做到准确无误。其次是要调整剖面分层号，因锡矿山地质填图实习实测地层剖面由老江冲和烈士塔两段剖面组成，为便于作图，需要调整分层号。再将野外记录本中经核查无误的数据要素、样品号和清绘后的素描图上墨；视频和照片等电子资料也要统一编号，完善必要的说明并备份保存；填写标本和样品登记，鉴定岩矿石和化石标本。最后是编写实测地层剖面说明书。

分层合并和分层号调整：

（1）如分层过于复杂，可以适当合并调整。

（2）本次实习实测剖面由两段剖面组成，因此分层号必须进行调整。

（3）以老江冲剖面中的佘田桥组泥灰岩段最上部的泥灰岩为①分层，顶部的生物碎屑灰岩为②分层，按地层由老到新依次往上编号。老江冲及烈士塔剖面的陶塘段顶部的钙质页岩和兔子塘段底部含铁质斑点分层编号必须相同。

（4）分层调整后必须保持同一分层在实测剖面记录表格上的分层号、信手剖面图上的分层号和实测剖面图及柱状图上的分层号完全一一对应。

（二）实测剖面原始数据处理

以小组为单位，通过野外实测获得的分层斜距（I）、地层倾角（α）、导线坡角（$\pm\theta$）、导线方向、地层走向与导线间的夹角（γ）等数据进行计算，求出导线与各分层的分层斜距、地形高差、各分层厚度和地层在剖面线方向上的视倾角（β）等数据，并将计算结果填在实测地层剖面记录表 3-2 中。岩层的厚度计算方法有查表法、图解法、赤平投影法和公式计算法多种，常用的是公式计算法。其计算公式如下：

$$D = I \cdot (\sin\alpha\cos\theta\sin\gamma \pm \cos\alpha\sin\theta)$$

式中：α 为岩层真倾角；θ 为导线坡度角（非负数）；γ 为剖面导线与地层走向线的夹角；I 为分层斜距；D 为分层厚度。当坡向与岩层倾向相反时取"+"号，当坡向与岩层倾向相同时取"−"号。

表 3-2　实测剖面记录表（室内部分）

确定柱状图比例尺						确定剖面长度					地形起伏		岩层倾角	
10	11	12	13	14	15	16	17	18	19	20	21	22	23	24
导线方向与地层走向的锐夹角/(°)	厚度/m	分层厚度/m	组/段厚度/m	累计厚度/m	总方向与导线方位的锐夹角/(°)	斜平距/m	分层平距/m	视平距/m	分层视平距/m	累计视平距/m	高差/m	累计高差/m	总方向与岩层倾向的锐夹角/(°)	视倾角/(°)
γ	D				ε	$L'=L\cdot\cos\theta$	$I'=I\cdot\cos\theta$	$L''=L'\cdot\cos\varepsilon$	$I''=I'\cdot\cos\varepsilon$	$\sum L''$	$H=I\cdot\sin\theta$	$\sum H$	ω	β

续表3-2

10	11	12	13	14	15	16	17	18	19	20	21	22	23	24
导线方向与地层走向的锐夹角/(°)	厚度/m	分层厚度/m	组/段厚度/m	累计厚度/m	总方向与导线方位的锐夹角/(°)	斜平距/m	分层平距/m	视平距/m	分层视平距/m	累计视平距/m	高差/m	累计高差/m	总方向与岩层倾向的锐夹角/(°)	视倾角/(°)

注意：厚度计算公式为 $D=I\cdot(\sin\alpha\cos\theta\sin\gamma\pm\cos\alpha\sin\theta)$，其中 α 为岩层真倾角，θ 为导线坡度角（非负数），γ 为剖面导线与地层走向线的锐夹角，I 为分层斜距，当坡向与岩层倾向相反时取"+"号，当坡向与岩层倾向相同时取"–"号。视倾角可以根据公式 $\tan\beta=\tan\alpha\cdot\cos\omega$ 计算得出，也可以查表得出。剖面总方向本次实习规定为剖面起点与终点连线的方向，需要绘制完导线平面图方可确定。

视倾角可以根据公式 $\tan\beta=\tan\alpha\cdot\cos\omega$ 计算得出，也可以通过查表得出（附录第二部分）。本次实习规定剖面总方向为剖面起点与终点连线的方向，需要绘制完导线平面图方可确定。β 为岩层视倾角；ω 为总方向与岩层倾向的锐夹角。

如何确定实测剖面的总方位？常用方法是：先确定剖面起点的位置和正北方向，然后按导线方向、导线的斜平距和比例尺，从起点开始依次画出每条导线，最后导出剖面终点，将剖面起点和终点连起来，这个连线与正北方向的夹角就是剖面线总方向。推荐在 CAD 软件上完成上述操作，相比在厘米纸上作导线平面图，在 CAD 上更为简单，也更准确。

其他参数的计算请参考表 3-2 中的计算公式。

推荐使用 excel 电子表格完成上述所有数据的计算。经指导老师审核通过后才能进行随后的制图工作，同时将计算结果填写在野外记录本的相应表格中，人手一份。

(三) 室内制图

1. 图面布局

锡矿山地质填图实习实测地层剖面的制图要求实测地层柱状图和两段实测地层剖面图画在同一张 75 cm×50 cm 规格的厘米纸上，参考图面布局如图 3-3 所示。

柱状图和两张剖面图可以根据实际需要选用不同的比例尺，推荐使用线段比例尺。

2. 实测剖面图的绘制

实测剖面图的制图方法通常有展开法和二次投影法两种。当剖面导线方位比较稳定，转折较少时，多用展开法作图；当导线方位多变，转折较多时，则宜用二次投影法作图。所谓二次投影法即先是各条导线对水平面投影，形成导线平面图，如图 3-4 中的导线 0-1-2-3-4 对水平面投影，形成导线平面图 0-1'-2'-3'-4'，其中"0"和"4'"的连线即为总导线方向；然后导线上分层界线等地质要素再对总导线方向进行投影，形成剖面图，如图 3-5 中的分层

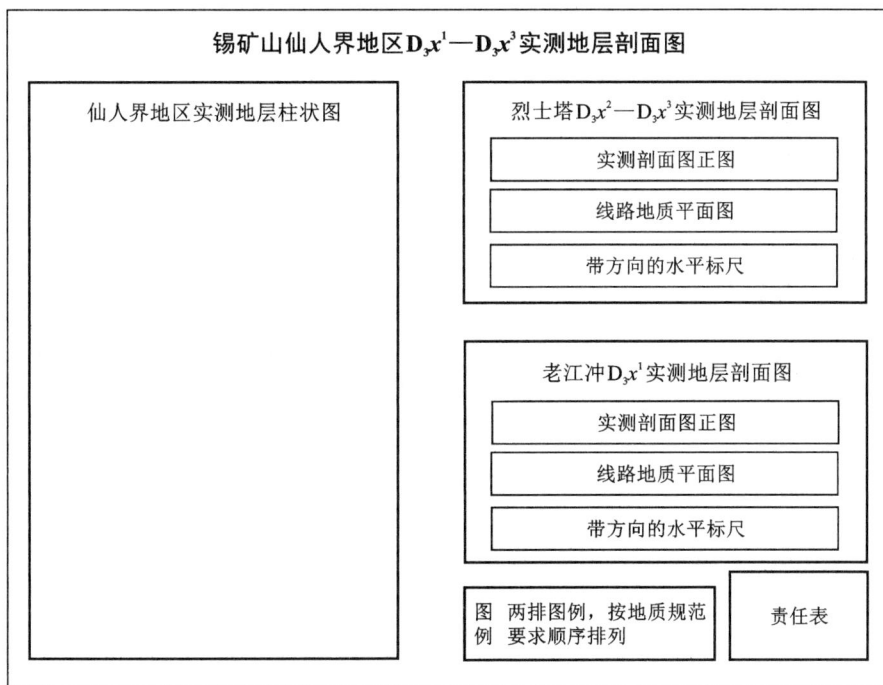

图 3-3　参考图面布局

斜距投影到水平面上形成分层斜平距，再投影到总导线方向上形成分层视平距，从而确定了此分层在剖面上的位置。其他地质要素的投影与此类同。

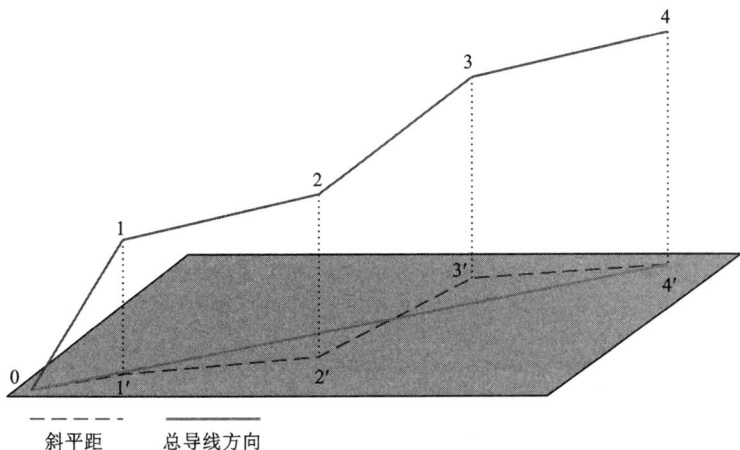

图 3-4　导线水平投影图

1）展开法绘制实测剖面图

当实测导线偏离剖面线的距离较短，地貌形态相对一致，剖面较短时，可采用展开法直接作图，即用地质体在导线上的实测出露位置和导线地形曲线作为最终的地质剖面。

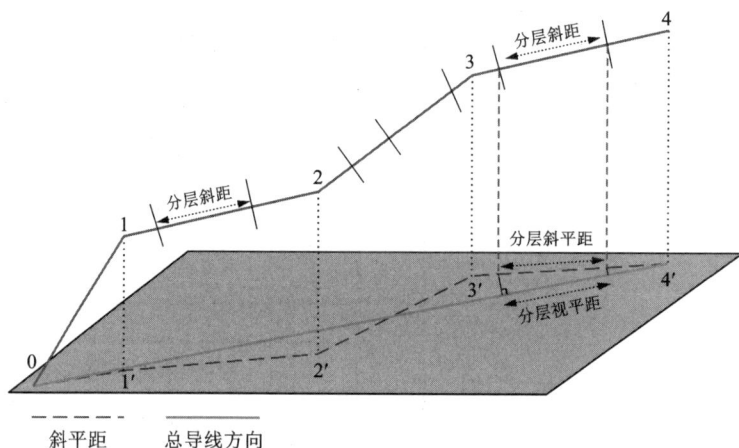

图 3-5　地质要素导线总方位投影图

用展开法绘制实测剖面图时，不需要绘制导线平面图。绘制地质要素时要注意，多数情况下，地层走向不会同实测剖面线的方位垂直。因此，在绘制岩性花纹时，需要进行真倾角和视倾角的换算。除夹角大于80°可忽略不计外，凡剖面方位与地层走向夹角小于80°时，都应按视倾角绘制岩性花纹，真倾角和视倾角的空间关系如图3-6所示。用展开法绘制实测剖面图，方法简单，但是由于将转折的导线展开，在地质图上夸大了地质体的实际宽度。

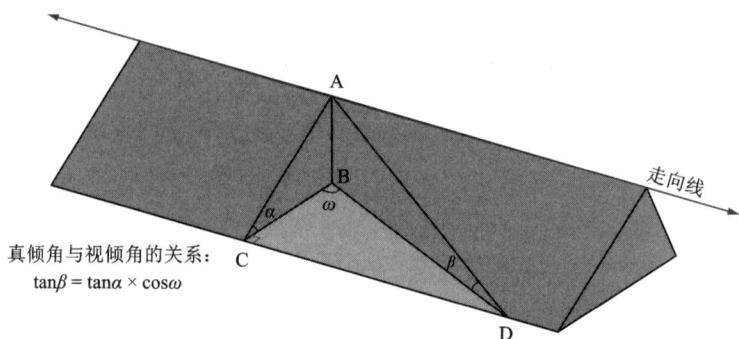

真倾角与视倾角的关系：
$$\tan\beta = \tan\alpha \times \cos\omega$$

其中：α 为岩层真倾角；β 为岩层视倾角；ω 为总方向与岩层倾向的锐夹角。

图 3-6　真倾角和视倾角的空间关系图

2）二次投影法绘制实测剖面图

用二次投影法绘制实测剖面图的主要流程如图3-7所示。

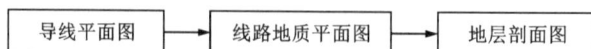

图 3-7　绘制实测地层剖面流程图

（1）导线平面图的绘制方法和步骤。

首先根据图纸大小、图面布局和累计视平距（即剖面起点和终点连线的水平距离）确定比例尺和剖面的起点位置；然后将图纸/厘米纸的横线即水平方向作为野外导线总方位（建议先在电脑上使用 CAD 画导线平面图，并求出导线总方位，保留整数），以箭头的形式标绘在图纸上方的一侧，再画出累计视平距长度即剖面长度；最后在剖面的起点标出正北方位，作为辅助的正北方向箭头在剖面图完成后要擦掉，如图 3-8 所示。

图 3-8 确定剖面导线总方位

然后根据每一条分导线的斜平距、方位和比例尺从起点将分导线依次画出，在导线点标注导线号，如图 3-9 所示。

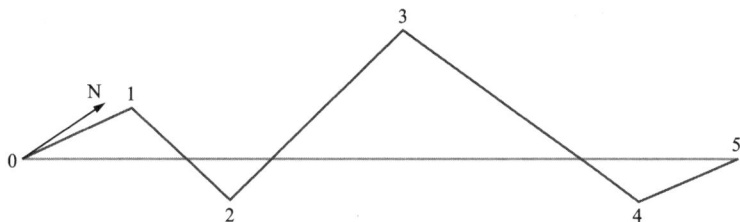

图 3-9 剖面导线平面图

在绘制导线平面图时，通常规定剖面总方向平行于图纸的横向，剖面的 W、NW、SW 或 N 端在图的左侧，剖面的 E、NE、SE 或 S 端放在图的右侧。

（2）线路地质平面图的绘制方法。

在导线平面图的基础上添加其他要素就可形成线路地质平面图。分层界线、样品点、地质点和产状等在导线平面图上的具体位置根据其在每条分导线上的斜平距和比例尺进行添加，分层界线的画法还要考虑地层沿走向的延伸情况及坡向。每个分层内要标注分层号和产状符号。以此种方法连续画出各导线上的内容，直到剖面终点。如果中途需要平移，应在图上注明平移方向和距离。各种要素的添加需要符合地质规范要求。

在导线上或跨越导线的要素：地质点（直径 2 mm，点位）、地质界线（组与组的界线长2 cm；段与段的界线长 1.5 cm；延伸方向；注意平行不整合的表达方式）和分层界线（长1 cm；延伸方向）。不同的地质界线长度要有所区别，总的原则是系>组>段>层。

在导线上方的要素：地层产状（5/2，走向长 5 mm，倾向长 2 mm）、标本号、地质点号和导线号。

在导线下方的要素：分层号、组或段的地层代号和地名、地物点（高地、河流、居民村等），如图 3-10 所示。

（3）实测地层剖面图的绘制方法。

在完成线路地质平面图的基础上，绘制实测地层剖面图的主要步骤如下。

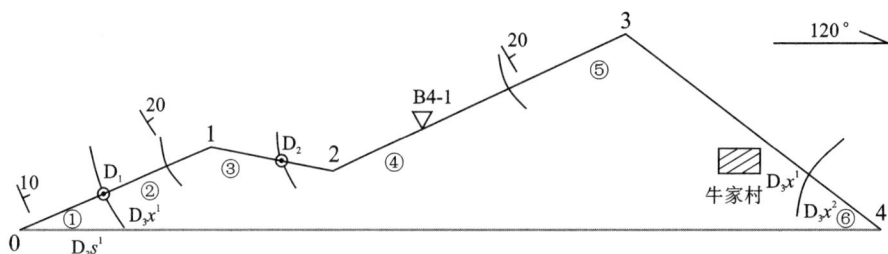

图 3-10　线路地质平面图

①画出地形轮廓线：所有导线点中的最大高差减去最小累计高差得到图面高差，根据比例尺、剖面图的图面高差和图面布局，在线路地质平面图的上方或者下方，选择一条横线作为剖面图的投影基准线；将导线平面图的各导线分界点分别向上或者向下垂直投影到这条基准线上；根据各导线点的累计高差按照垂直比例尺确定各个点相对于基准线的高程点；用平滑的曲线将所有高程点连接起来形成地形轮廓线。在剖面终点和地形线的正上方标注剖面线方向，在剖面线上标注典型地名、地物、地貌点，如图 3-11 所示。地理标志用虚线向上牵引，离地形线长 0.5～2 cm。

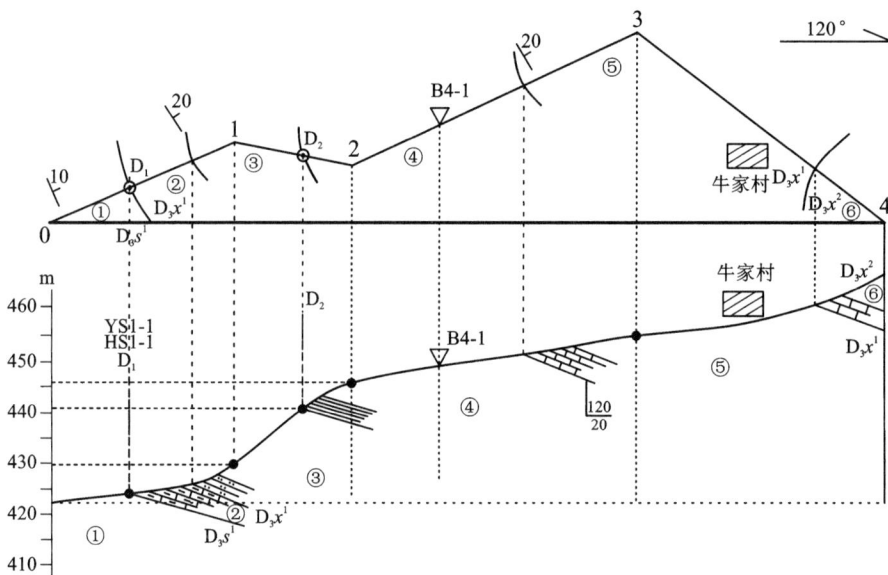

图 3-11　实测地层剖面图的画法

②画地层界线：把导线平面图上的各分层界线点、组与组及段与段之间的地层界线点向上或者向下垂直投影到地形线轮廓线上，按产状画出层与层之间的分层界线和组与组、段与段之间的地层界线，如图 3-11 所示。分层线长 1.5 cm，段与段的地层分界线长 2 cm，组与组的地层分界线长 2.5 cm，岩层产状走向线长 5 mm，倾向线长 2 mm。

③充填岩性花纹，标注产状、分层号、地层代号、地质点和剖面起点坐标等地质要素：在

各分层中，按视倾角大小填绘岩性花纹，充填的岩性花纹宽度在 1 cm 左右。如果投影剖面线方位与岩层倾向夹角大于 10°，就应该换算成视倾角，再画出岩层视倾斜线；但在其下方标注产状时，仍标注真倾角；用投影基准线（即剖面总方向）方位与岩层倾向的夹角来查表换算视倾角。在没有断层的非角度不整合地层序列内，在不同产状的两点之间，地层有产状是逐渐变化的。分层号标注在各分层中间，地层代号标注在地层界线中间或系与系、组与组、段与段分界线附近。

④标绘标本采集点和标本编号：按照标本采集点的水平距离定出采集点在导线平面图上的位置，然而向下垂直投影到地形轮廓线上。化石（动物符号、植物符号）、标本（样品）符号按实际位置分别紧靠在地形轮廓线的上方，样品编号用虚线向上牵引。

⑤标注图名、图例和比例尺：图名常用整齐美观的大字书写于实测剖面图的正上方，比例尺一般放在图名下，图名要表明图幅所在地区和图的类型。图名和数字比例尺采用适当大小的宋体字，锡矿山地质填图实习因柱状图和剖面图集中在同一图纸上，故推荐采用两格线段比例尺，数字标注在比例尺上方。

图例则置于剖面图的下方或右侧，规格大小一般为 12 mm×8 mm，从左到右或自上而下，按下述顺序进行排列。"图例"二字采用适当大小的黑体字。

图例中的花纹要求符合国家地质规范，与剖面图的内容一一对应。顺序：地层代号放在最前面，由新到老依次排列；岩石图例放在地层图例之后，岩性按沉积岩、火山岩、侵入岩、变质岩、构造岩依次排列；沉积岩由海相至陆相（从碳酸盐岩到碎屑岩）；粒度由粗到细；火山岩和岩浆岩按碱性、酸性、中性、基性、超基性排列；变质岩按变质程度由浅到深排列；地质构造图例放在岩石图例之后，一般顺序是按褶皱、断层、节理和产状要素等排列；最后是其他地质符号图例（岩层产状、分层号、号线号和样品标本符号等）。锡矿山地质填图实习常用图例参见附录第一部分。

⑥责任表：置于剖面图的右下方，格式如表 3-3 所示。

经过以上步骤就可完成一幅完整的实测地质剖面图，参考样图如图 3-12 所示。

表 3-3　责任表

单位	中南大学地球科学与信息物理学院××班		
图名	锡矿山仙人界 D_3x^1—D_3x^3 实测剖面图		
制图		图号	
清绘		比例尺	
指导老师		日期	
队长		资料来源	实测

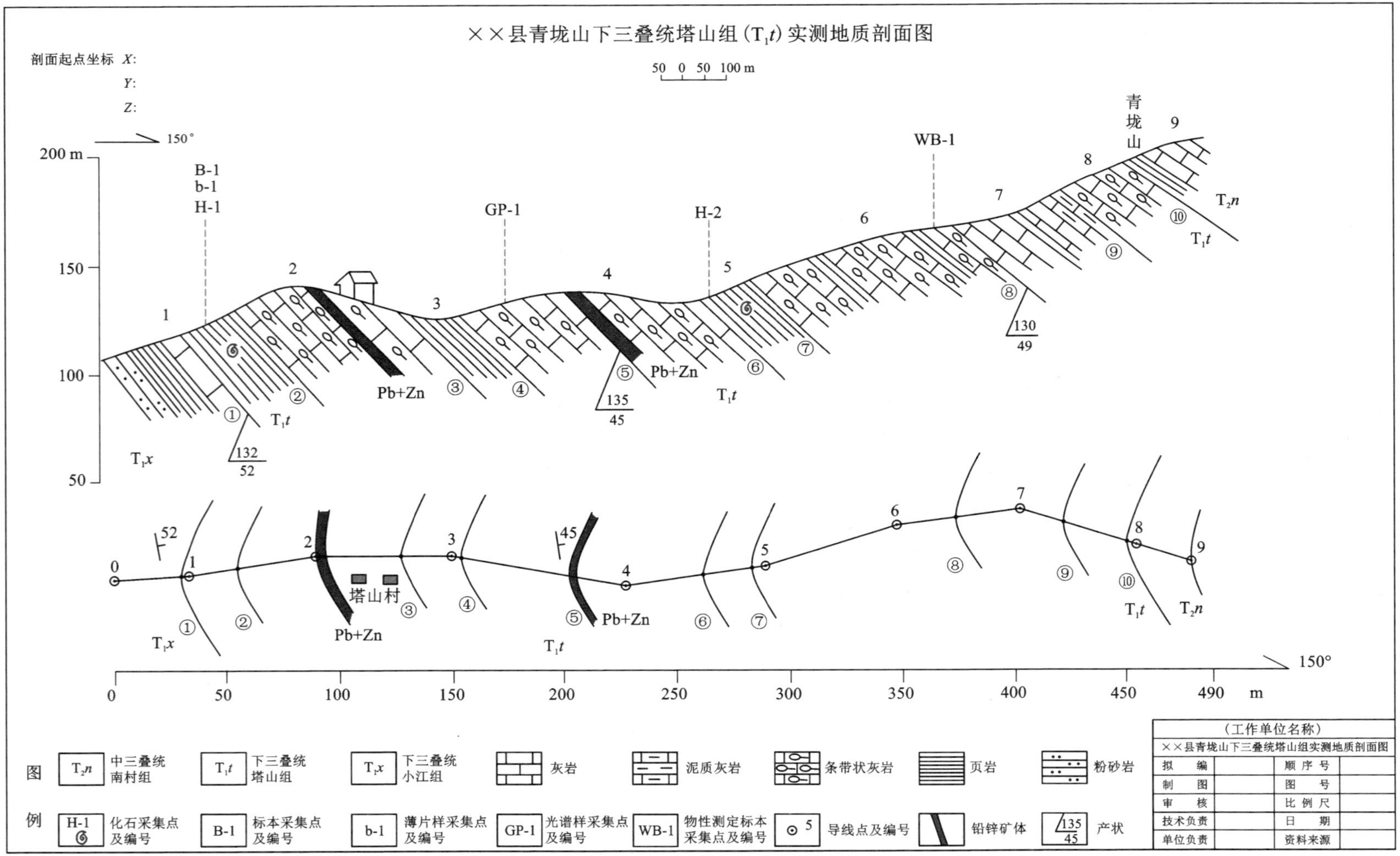

图3-12 实测地质剖面参考样图

（4）导线平移的处理。

当测制剖面遇到障碍物，导线不能通过时，或遇到重要地质现象不清楚地段，可以采用平移剖面法。这种方法就是从已测制的导线点沿某地层走向进行平移，到下一个导线点继续测制。导线平移时沿标志层或地层某一界面走向进行，平移距离一般控制在 20～30 m 之内。导线平移时，一定要注意沿标志层或容易识别的地层某界面平移。在测制剖面时如果遇到第四系覆盖，可以测制与之相当层位的辅助剖面进行补充。

导线平面图中平移段用虚线连接，导线号数字不变，数字右上角加"′"以示区别，如图 3-13 所示；在剖面图中地形线用虚线连接，标注平移方向和距离（水平距），如图 3-14 所示。

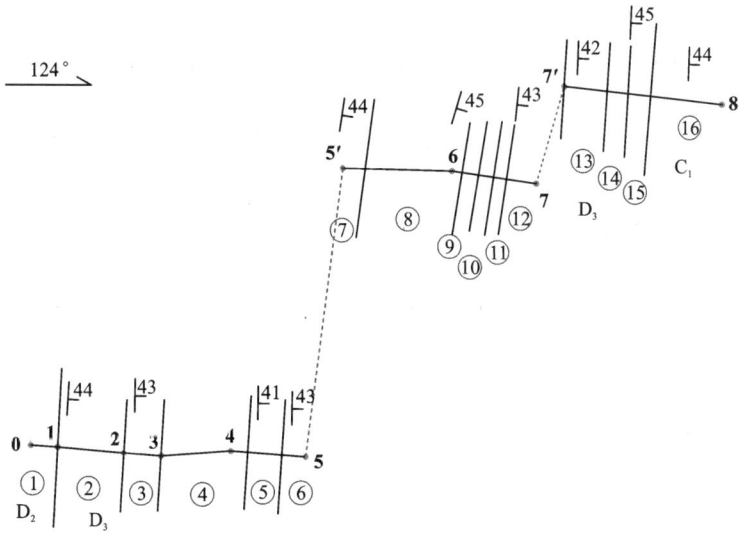

图 3-13　导线平面图中平移段的画法

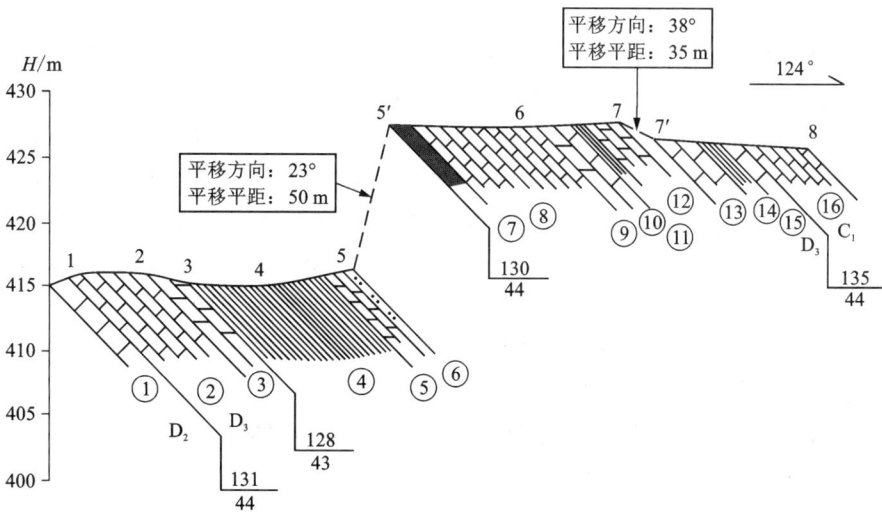

图 3-14　地层剖面图中平移段的画法

3. 实测地层柱状图的绘制

实测地层柱状图是实测地层剖面的成果资料，主要反映该地层剖面上的岩性、化石、地层的层序、时代、厚度、矿产、接触关系及其他地质现象。实测地层柱状图是根据野外实测地层剖面所获得的资料，经整理后按新老地层的叠置关系恢复成水平状态，编制而成的一种表格式的柱状图件。柱状剖面图所反映的内容要全面、详细、翔实，对各分层的描述要有概括性，简明扼要。

1）地层柱状图图层内容

必有：

（1）图名、图例、比例尺（推荐使用线段比例尺）和责任表，本次实习实测柱状图和剖面图共用一个图例和责任表。

（2）地层单位（年代地层单位、岩石地层单位、代号及其相互关系）。

（3）地层岩性柱剖面及接触关系［岩性、接触关系用国家相应地质规范所要求的花纹符号（不能信手画）表示，厚度按比例尺绘制］。地层接触关系整合接触用实线表示；平行不整合用虚线表示；角度不整合用锯齿状线表示。

（4）岩浆活动与沉积地层的关系。

（5）地层单位的厚度。

（6）岩性、具有代表性的化石（用拉丁文表示）和代表性矿产简要描述。岩性描述要求简明扼要。

可选：

（1）地貌及水文特征。

（2）沉积相特征。

（3）海平面变化曲线。

（4）构造运动等。

2）实测地层柱状图的编图步骤

（1）岩层厚度的计算与整理。

（2）岩矿与化石的鉴定；地层时代的确定与地层单位的划分；确定各地层单位的厚度；确定各地层单位的最大厚度与最小厚度（实测多个剖面）。

（3）布局：根据内容和地层厚度等确定比例尺，合理规划图面布局。比例尺的选取原则为：等于或大于实测地层剖面的比例尺；主要岩性特征，特别是标志层的特征在地层柱状图中能够得到清楚反映。锡矿山地质填图实习实测地层柱状图布局参考图3-15。

（4）画岩性柱：按比例尺自上而下累积厚度，由新到老的顺序画出地层界线、接触关系，按相应地质规范填充花纹。岩性花纹除了要反映岩石类型之外，还要反映岩层的厚度和岩石的颗粒粒度（砾、粗砂、中砂、细砂、粉砂）。

（5）地层：在岩性柱左侧标注地层单位、代号；在岩性柱右侧对应地层单位标注厚度和进行岩性、矿产描述等。岩性描述分段综合叙述，并与岩性线对应。

（6）完善：图名、比例尺、图例等。

（7）注明资料来源和责任表。

（8）认真检查整饰、核对数据和资料，提交指导老师审核通过后上墨清绘。

<u>　　　　　　　　　　　　　　　　　　</u>柱状图

比例尺

地层系统				代号	分层号	柱状图	层厚 /m	总厚 /m	岩性描述及化石	海平面升降 50 100 150 200 250 m	沉积相	备注
系	统	组	段									

图 3-15 实测地层柱状图参考格式

格式示例如图 3-16 所示。

界	系	统	群	组	段	代号	柱状图	厚度 /m	分层厚度 /m	分层号	岩性描述及化石	矿产
古 生 界	石 炭 系	下 统	巴 什 索 贡 组			C_1b		850	790	⑨	灰色、深灰色块状灰岩为主。产：*Gigantoproductus* cf.*latissimus*, *Antiguatonia insculpta*, *Ambocoetia* cf.*vaduschensis*(tan), 等	石灰岩矿
									50	⑧	灰色、褐色不等粒钙质砾岩	
									10	⑦	灰色、褐色复成分砾岩	
	泥 盆 系	上 统	塔 盖 塔 尔 组			D_3d		700 | 900	633 | 833	⑥	灰色、浅灰色块状灰岩，有时见钙质砾岩夹层。产：*Atrypa* sp., *Hypothridina* sp., *Schizophoria* sp., *Cyrtospirifer* sp., *Atrypa ex gr.tubecostata* Paeck. 等	石灰岩矿
									7	⑤	土黄色钙质砂岩、页岩	
									60	④	灰色中厚层状灰岩。产：*Atrypa* sp., *Hypothridina* sp.	
		中 统	托 格 买 提 组			D_2t		80	54	③	灰色块状灰岩。产：*Pseudomicroplama* sp., *Heliolites* sp.	石灰岩矿
									6	②	红色薄层粉砂岩	
									20	①	灰色块状灰岩	

图 3-16 实测地层柱状图示例

3)有关实测地层柱状图的几点说明

(1)实测地层柱状图应尽量与剖面图放在同一张图中，柱状图置于图面左侧。柱状图的比例尺与剖面图可相同，也可以不同，根据实际情况，分别标明。而导线平面图与剖面图的比例尺应该相同。

（2）（综合）地层柱状图只表示实习区（研究区）内可以见到的地层单位，实习区外地层一般不表示。

（3）年代地层单位只标"界、系、统"，岩石地层单位"组"和"段"。

（4）绘制地层柱时无法以正常比例尺表示的特殊地层（如标志层、矿层、化石层等）可以夸大到 1 mm 画出，但文字描述应注明其真实厚度；岩层不同层厚要区别表示，厚至巨厚层状画 3 mm，中厚层状画 2 mm，薄层状画 1 mm。

（5）第四系可以夸大表示，起伏不平，画 2 cm。

（6）厚度过大的地层单位，如岩性变化不大，可以不按比例尺画，只画 3 cm，中间以双波浪线断开表示省略，不封口，但厚度栏仍注明真实厚度。

（7）岩性描述及化石栏要简明扼要，一般只描述岩石名称、岩性组合以及地层所产标准化石，化石名称用拉丁文，不必再写中文，选择代表性化石或化石组合列出。

（8）必须用规定符号将工作区内出露的岩浆岩体和岩脉绘在柱状图相应的位置上。

（9）矿产或备注栏可简要描述区域上的矿产及标注需要特别说明的问题，如剖面位置、化石、构造、未测厚度来源等。

四、填图单位（元）的划分及标志层的确定

划分填图单位（元）及选定标志层是通过踏勘阶段的全面观察和对比，结合地层剖面的研究以后拟定的，是地质填图基础工作的一部分。这项工作是否做好直接影响到地质图的质量与精度的问题。

（一）地质单位的划分

填图单位（元）是指地质填图时，在图上表示出的基本单位。每个填图单位都是用地质界线分开。填图单位的种类很多，主要有地层（包括火山岩、沉积岩和变质岩）单位（如界、系、统、组、段等）、岩石单位（如岩体、矿体、矿化带等）。各类填图单位一般都用统一规定的符号或图例花纹。其中以划分地层的地质界线是最基本、最常见的一种，即以相邻两条地质界线之间所包含的地层或岩层作为一个填图单位或制图单位。

地质填图划分的详细程度由地质填图比例尺和地质体的可分性来决定。比例尺愈小，划分愈粗，在图上反映的地质情况愈概略；比例尺愈大，划分愈细，在图上反映的地质情况愈详细。

选择合理的填图单位是保证地质填图精度要求的重要前提。填图单位划分的一般原则是：

（1）符合比例尺要求，地质图上能反映出来。在图上所表示的填图单位的大小，对成带状的地质体（如地层），其宽度不小于 1 mm；断层长 5 mm；其他形状的地质体直径大于 2 mm。例如 1∶10000 的地质图，图上 1 mm 就相当于实地 10 m，那么所确定的地层单位的最小厚度（出露宽度）应大于 10 m，否则图上就表示不出来。

但是对于含矿层、标志层以及其他有重要意义的地质体，可以不受比例尺的限制，在图上放大表示。

（2）所划分的填图单位尽量能和区域地层、构造、岩浆岩和变质岩的划分相对比，例如地层的填图单位就应该尽量与地层时代单位一致（图3-17），在 1∶5 万填图中，一般划分到段

或组。

关于地层单位的划分及其他地质体的划分和研究的具体要求，可查阅相关国家地质规范的最新版本。

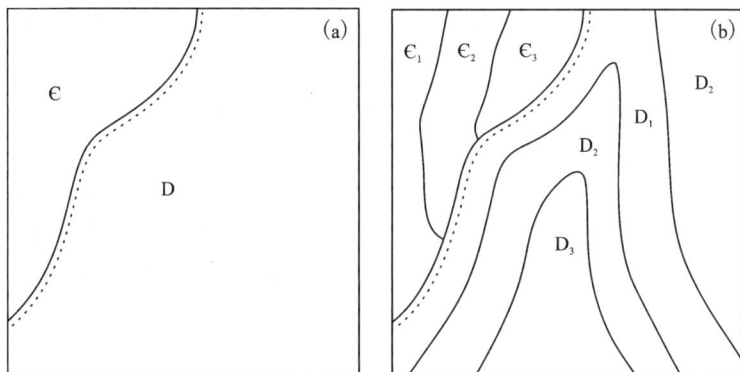

（a）划分到系；（b）划分到统。

图3-17 填图单位的选择

（二）标志层的确定

标志层又称标准层，是指一层或一组具有明显特征可作为地层对比标志的岩层。标志层一般应当具有所含化石和岩性特征明显（特殊的颜色、化石、岩性、沉积矿产和构造等）、层位稳定、厚度不大、分布范围广、易于识别的特点。利用标志层可以帮助我们准确识别地层和提高填图效率。

对标志层的具体要求是：

（1）层位固定，只在一定层位才出现的岩层才可作为标志层。在不同层位上都可以出现而又不易区别的，则不能作标志层。

（2）厚度不大而又稳定，在工作区同层位内广泛发育和出露。

（3）特征显著，含有标准化石或具有特殊的颜色、岩性、构造和其他特征，野外易于识别。

一般可选作标志层的，如：①具有丰富的标准化石或含独特的化石岩层。②具有与相邻地层不同岩性的岩层，例如湘西震旦系磷矿（白云质的磷块岩）与区内其他白云岩很难区别，但在磷矿层顶部的5 m滑石片状白云岩较稳定分布，因此，找到它，就可以确定震旦系上统灯影组底部，滑石片状白云岩就成为工作区很好的标志层。③具有特殊的层理或层面构造的岩层，如斜层理、波痕等。④具有特殊的成分或颜色的岩层，如含铁质、碳质的岩层等。在某些地区，由于岩性变化大或特殊标志不明显等各种原因，单层的标志层难找，这时，也可以选择标志层组。此外，不整合面和假整合面也可以起到填图区标志层的作用。

标志层的所谓"标准"或"稳定"，都是相对的。如果整个地区都很稳定，可以作为全区的标志层；如仅在某一地段稳定，就可作为该地段的标志层。在该地层横向变化大的地区，不同地段可有不同的标志层。但必须通过地层对比，搞清它们之间的层位关系。

应该指出，标志层不一定作为单独的填图单位，也不一定恰好是地层分界。但在最低一级地层单位较大或地层分界线在野外不易识别的情况下，主要根据标志层填绘地质界线，所以相邻两标志层之间的距离(宽度)要尽量满足填图单位的厚度要求。

标志层对填图工作有很大的意义，选择得当，可以提高填图的质量和效率，特别是在地层划分比较困难，露头不好且构造复杂的地区，往往需要借助标志层来辨别地层，查明地质构造，上述湘西震旦系磷矿区的标志层就是一个例子。

在野外工作中，在踏勘时应把全区性的标志层确定下来，在以后填图过程中，还应随时注意选定新的标志层。

在锡矿山填图区，泥盆系上统锡矿山组泥塘里段的"宁乡式"赤铁矿层，层位稳定、厚度不大、分布范围广、颜色鲜艳，在野外易于识别，开采后，留下人工采坑和赤铁矿石碎块，可以作为本填图区很好的标志层。值得注意的是，在填图区部分地段标志层"宁乡式"赤铁矿层相变为含大量生物介壳的铁质砂岩(图2-7)或砂岩。

五、实测地层剖面说明书编制

剖面说明书在所有的资料齐全后进行编写，内容包括概述(剖面编号、剖面地理位置、剖面名称、剖面比例尺、地层出露的完整性、有无构造现象等一些基本情况)、整理之后的分层描述和剖面小结三个部分。

其格式如下：

××省××县(市)××乡镇××实测地层剖面说明书

一、概述
(1)剖面编号：
(2)剖面名称：
(3)剖面位置：××省××县(市)××乡镇××(地名)，附剖面位置平面图。
(4)剖面方向和长度：
(5)剖面比例尺：
(6)剖面测制日期：
(7)测制人员与分工：
(8)完成工作量：编制实测地层剖面图×张，柱状图×张，编写实测地层剖面说明书一份；采集岩石标本×个，采集化石标本×个，地质点定点描述×个。
(9)地质概况及露头情况：
(10)交通情况：
(11)矿产情况：
(12)报告编写人：
二、剖面描述
由新到老进行地层描述，描述各分层岩性特征、厚度、化石特征、化石带划分、接触关系等。
三、小结
(1)将地层组合成几个部分或几个段，每个地层所包括的主要岩性、化石特征、上覆与下伏地层接触关系依据,沉积相、时代依据,区域地层对比等。

（2）新发现、新认识。

（3）在实测地层剖面过程中存在的问题和建议。

第四章

路线地质填图

在填图区野外踏勘和实测地层剖面的基础上,在查明了研究区的地层层序、厚度、岩性特征、地层时代,并划分出填图单位,统一了岩石命名,确定了标志层等工作之后,就可以开始路线地质填图。

地质填图是指在野外实地观察和研究的基础上,通过对观测点和观测路线的连续系统的观察,并用定点勾绘地质界线等方法,按一定的比例尺将地表出露的各种地质体(地层、岩石、构造和矿产等)和地质现象用统一的符号线条反映在地形底图上而构成地质图的工作过程。这是填图的最基本的工作方法,简称填图。也可以通过航空相片和遥感方法(卫星相片、雷达红外摄影等)编绘中小比例尺地质图。

地质填图是地质调查最基本的工作方法和手段,是地质调查工作的重要组成部分,是其他各种地质工作的基础。地质填图工作贯穿了地质找矿过程始终,从矿产普查、详查到勘探均要进行不同比例尺的地质填图工作。

地质填图通常按照比例尺可分为小比例尺(1:100万、1:50万)、中比例尺(1:25万、1:20万、1:10万)和大比例尺(1:5万、1:1万、1:2000等)地质填图。按照用途可分为通用地质图和专用地质图两大类。通用地质图即传统的按照国际标准分幅的综合地质填图,为国家各方面提供基础地质资料。专用地质图是根据不同需求、不同学科开展有针对性的地质填图,包括水文地质图、工程地质图、地球化学图、蚀变矿物图、地球物理图、城市地质图、环境地质图、农业生态地质图等。

一、观测线和观测点的布置

(一)布置原则和密度

观测路线布置原则:

(1)一般应考虑以垂直于各类地质体界线和区域构造线方向的穿越路线为主,如果穿越路线难以满足全面掌握区域地质的情况,也可以采用穿越和追索路线相结合的方式进行布线。

(2)地质路线必须全面控制测区所有地质体和重要构造形迹的空间展布及其分布规律,对路线的线距和点距不做机械的规定,对地质结构复杂地区,地质路线控制密度应较大,反之则可适当放稀。有实测剖面控制的地段，实测剖面可以代替相应地段的地质路线。此外，应加强生态、农业、地貌、水文地质等方面的调查。

地质填图是通过观测点、线构成的观测网系统进行地质观测的。因此，合理布置观测点、线是保证填图质量的重要条件。观测点、线要有一定的密度，具体要求可参阅《固体矿产勘查地质填图规范》(DZ/T 0382—2021)执行，但具体应用时，需根据测区具体的地质条件布置，不能机械套用，更不能机械地平均分布。

按地质条件复杂程度可以分为三类地区。

地质条件简单区：岩层产状平稳，褶皱规则，断层稀少，岩相稳定，标志层明显。

地质条件中常区：褶皱规则，断层较多，岩相不稳定，标志层不明显，局部有岩浆岩分布。

地质条件复杂层：褶皱断裂复杂，岩层变质，有不同时代的岩浆岩活动。

根据《固体矿产勘查地质填图规范》(DZ/T 0382—2021)，现将地质路线间距、地质点密度及数量的一般要求和填图地质体最小规模的精度要求分别列于表4-1和表4-2中。

观测点距、线距的粗略估算法：一般的观测线距在图上为1 cm，观测点距在图上为1/4~1/2 cm，例如1:20万的地质填图，则观测线距为1 cm，实地2 km，点距为1/4~1/2 cm，实地500 m~1000 m。

表4-1 地质路线间距、地质点密度及数量的一般要求(正测)

比例尺	观察路线间距/m	观察路线上点距/m	地质观测点数/(个·km^{-2})		
			简单地质条件	中常地质条件	复杂地质条件
1:25000	250~500	250~500	8~10	10~14	>14
1:10000	100~200	100~200	40~60	60~80	>80
1:5000	50~100	50~100	80~120	120~150	>150
1:2000		20~50	160~240	240~300	>300
1:1000		10~25	320~480	480~600	>600
1:500		5~10	500~600	600~1000	>2000

表4-2 填图地质体最小规模的精度要求

填图比例尺	1:25000	1:10000	1:5000	1:2000	1:1000	500
矿体和矿化带	重要矿体和矿化带均应填绘，图面上达不到1 mm的放大到1 mm表示					
一般岩石宽/m	>50	>20	>10	>4	>2	>1
构造形迹长/m	>125	>50	>25	>10	>5	>2.5

(二)观测线的布置方法

常用的有穿越法和追索法。

（1）穿越法。

穿越法应垂直或大致垂直于地质体走向或构造线走向布置穿越路线，按照不同比例尺填图精度要求、地质复杂程度和基岩出露情况确定地质路线和地质点间距。穿越法是基本的、应用最广泛的观测线布置法，如图4-1所示，观测线大致垂直于岩层走向，像这种方法能及时勾出地质界线，利于查明地质构造和了解岩层垂直方向上的变化情况。穿越法常见线形布点［图4-1（a）］和交错布点［图4-1（b）］两种形式。

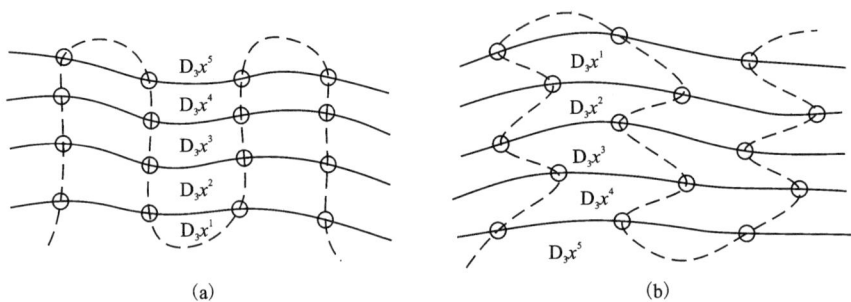

（a）线形布点；（b）交错布点。

图4-1 地质填图穿越法布线和布点

布置原则：

①选择地层出露良好，地质构造现象明显、清晰的路线。

②选择交通方便的路线。

③按不同比例尺布置平行路线的线距。

（2）追索法。

追索法应沿地质体、地质界线或构造线的走向，对特定层位（如化石层、标志层、含矿层等）、矿体、矿化带、主要断层等进行连续追索控制。地质路线一般采用"之"字形，以控制目标地质体的顶底界线并了解其变化情况，如图4-2所示。追索法定出的地质界线准确，并能查明地质体沿走向的变化情况，但追索工作量大，且受通行条件和露头条件限制，适用于追索重要地质体和某些形状复杂的地质界线。

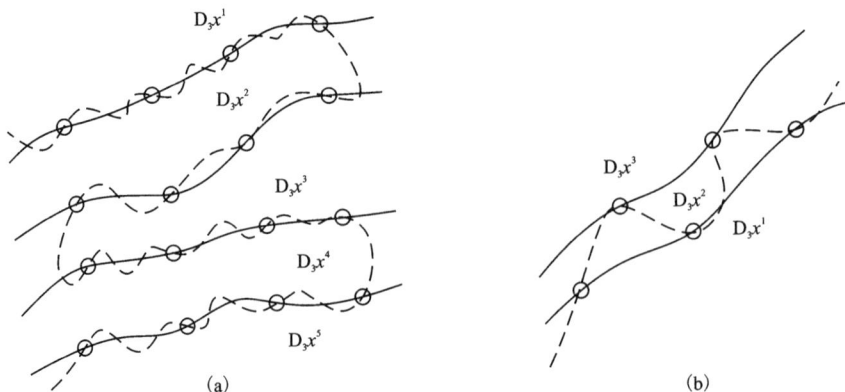

图4-2 地质填图追索法布线和布点

追索法可分为线形布点[图4-2(a)]和三角形布点[图4-2(b)]两种,后者适用于两条地质界线间距不大,且中间地形起伏较小的情况。

布置原则:

①追索路线沿地质界线或构造走向进行布置。

②选择标志层、含矿层或矿体、蚀变带、主要断层(或断裂带)等地质现象较多的路线进行布置。

③观察路线选择"之"字形迂回布置。

④穿越路线时发现地质界线不清楚或者存在断层时,应横向追索。

(3)放射线法。

放射线法是由一个点(测站)向四周做放射状穿越(图4-3),实质上也是一种穿越法,适用于近圆形的地质体,如侵入体、穹窿或构造盆地等,此法控制程度不均匀,在远离中心点(测站)处控制程度低,为此可在这些部位加密观测点,或进行适当的追索。

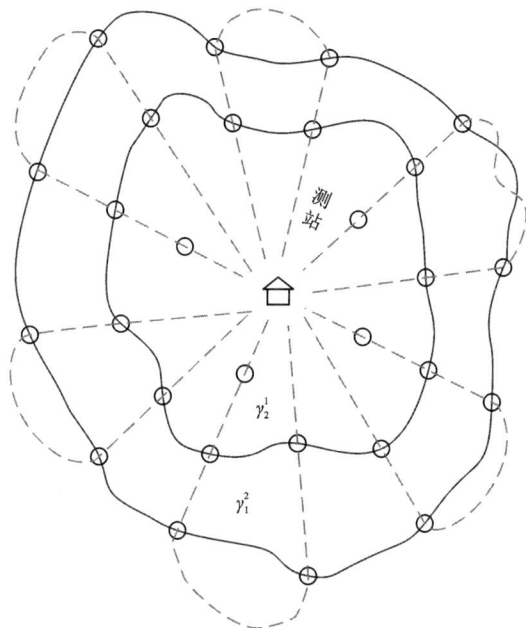

图4-3　地质填图放射线法布线和布点

(4)全面踏勘法。

该方法是将所有地质界线和露头都踏遍,这种观测不一定沿规则的路线,适用于露头零星或地质体形状十分复杂的地区,只在个别条件下采用。

在实际工作中,观测路线的布置不只选用某一种方法,而是几种方法互相配合应用,例如在1:5万比例尺填图中,对复杂和重要的地质体必须用追索法圈定。

在具体布置观测路线时,必须考虑到过去的研究程度和已有的工作成果,航空照片的解释程度,不同地段地质情况的复杂程度及露头情况的好坏,从而决定路线的疏密程度的布置方法。

(三)观测点的种类和布置方法

1)观测点的种类

(1)地质点：主要有地层界线点、岩体界线及相带分界点、岩性控制点、接触界线点、蚀变带分界点、标志层点、化石点、矿体界线和矿化范围控制点等。

(2)地质构造点：主要有断层点、破碎带界线点、节理、劈理、褶皱及侵入体构造观测点等。

(3)水文点：如水井、河流、湖泊、地下水观测点等。

(4)地貌及第四纪观测点：阶地残坡积和冲积层观测点，各种外动力地质作用观测点及新构造运动观测点等。

2)地质观测点的布置方法

地质观测点位置：在填图观测路线上，在地质观察研究的重要地点，以一定的间隔定地质观测点。地质观测点应着重选择在地质界线、标志层、化石点、矿体、矿化点、蚀变岩石、断层、褶皱转折端、岩体接触界线及岩体相带界线、岩脉、褶皱、水文地质、地貌等重要地质现象的露头上。地质点的布置和密度，以能控制各种地质界线和地质体，满足地质勘查的目的和要求为原则，一般取决于地质勘查的比例尺、地质复杂程度和覆盖程度等。在遇到出露面积大或界线不易划分的岩层以及掩盖较多的零星露头时，则应适当布置一些控制点，控制该处地质体的性质，作为推断地质界线的依据，同时也要兼顾到线距和点距，以保证地质填图的精度。在地质点之间也要进行地质现象的观察与记录。

地质观测点数量：主要根据填图比例尺及构造复杂程度确定(表4-1)。界线点(含界线上的加密点)数，一般应达到地质点总数的70%以上。简测及草测的地质点密度：简测的地质点密度及数量约为正测的70%；草测的地质点密度及数量约为正测的50%。

观测点应该以一定的间距有规则的成线形布置，构成观测线，而不能东一个西一个地孤立布置。观测点的布置和观测线是紧密联系的，例如穿越法可采用线形布点[图4-1(a)]和交错布点[图4-1(b)]，前者密度大，控制程度高，后者点稀，节省工作量，在露头良好、构造简单地段适用。追索法可采用线形布点[图4-2(a)]和三角形布点[图4-2(b)]，后者适用于追索厚度不大的矿层和岩脉等地质体。

二、观测点的工作内容

观测点上的观测工作是填图最基本的工作，其内容主要有：定点、勾绘地质界线，地质观测及描述记录，地质体产状或厚度等的测量、素描和照相，采集标本样品以及进行路线观测并作信手剖面等工作。

(一)野外定点法

定点就是把观测点的位置标定在地形底图上，定点的方法有目测法和仪器法两类。仪器法是使用经纬仪、全站仪等测量仪器定点，它的精度高，多用于矿区大比例尺地质填图。仪器法一般有专门的测绘人员负责，这里只介绍目测定点法。

目测定点法是根据观测点周围的地形地物特征，采用罗盘和测绳等简单工具定点，它的误差较大，但简单易行，在区域地质填图中广泛应用。使用目测定点法，首先必须熟练地阅读和使用地形图,在定点前先根据观测点周围的地形、地物特点,在地形图上找出观测点的大致位置,然后再使用罗盘和测绳等工具定点。

常用的目测法有三种:交会法、视距法、概略标测法。

(1)交会法(后方交会法)。

在观测点周围找两个(或三个)标志明显的地形地物点(山峰高地、房屋建筑、工业烟囱、陡崖起始点、水塘、交叉路口、公路急拐弯处、公路与小路交会处、河流交汇处等),尤其是有标高点的标志物,通过后方交会来确定观测点的位置。在观测点处,用罗盘分别测出观测点到两个(或三个)地形地物点的方位(读罗盘南针),然后在地形底图上,分别以地形地物点作为基准点,使用大量角器和大三角板按照南针方位画出方位线,二者的交点即为观测点在地形图上的位置[图4-4(a)]。如果用三个方向,一般不会交会在一个点上,而是交会成一个三角形,这时取三角形中心为观测点的位置。第三个地物目标所测的方位线可以起到验证的作用。由于测量误差的存在,观测点的实际位置还应结合微地貌进行分析和校正,最后在地形图上定出观测点的位置,并加以编号和记录。

交会法是各种目测定点法中比较准确的一种,在填图时应尽量采用交会法定点。使用交会法应注意:所选的两个(或三个)地形地物点与观测点的距离大致相等,两个方向的交角不宜太大或太小,以60°~120°为佳,否则会有较大的误差。

(2)视距法。

在观测点周围仅有一个标志明显的地形地物点时,用罗盘测出观测点到该地物的方位,再用测绳或皮尺量出二者间距离(换算成水平距离),就可以定出观测点的位置[图4-4(b)]。距离也可以用目估或步测,不过精度要差些,在1:10000以上的较大比例尺填图中,往往先布置一定的地形控制点,并插旗坐标,构成较密的地形控制网,然后用视距法定点填图,可以大大提高填图的效率和精度。

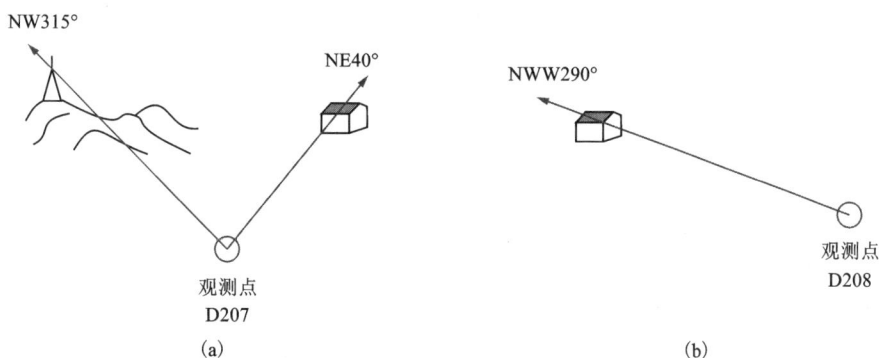

图4-4 交会法(a)和视距法(b)在地形图上定点

(3)概略标测法。

此法不用罗盘等工具,完全利用地形地物特点来确定观测点的位置,例如观测点恰好在明显的地形地物点上或其近旁时,可以直接在地形图上标出观测点。有时,观测点位于山坳或沟谷里,视野有限,看不太明显地形地物点,无法使用交会法和视距法定点,这时也可以根据周围地形地物特点和相邻观测点的位置,估计出点的位置,并标在手图上,不过这样定的点不够准确，应到视野较好的地方校正。

观测点定好后，应及时标注点号，有时为避免与图上其他数字混淆，在观测点号前加一个"D"字，如 D107、D108……D207、D208。观测点号一般应按顺序编号，中间不要空号或重号，以免造成资料混淆。

(二) 勾绘地质界线

地质界线是地质体之间分界面与地面的交线，地质图主要就是用地质界线来表达地质情况的。因此，准确勾绘地质界线是填图最重要的工作之一。在地质填图中把同一界线上的两个相邻的观测点连接起来就是地质界线勾绘。现将勾绘的主要方法和基本原理介绍如下。

1) 岩层 (或其他层状的地质体) 界线的勾绘原理) ——"V"字形法则

地质界线，一般是呈一条波状弯曲的曲线，之所以是弯曲的，一方面是由于地质体的分界面本身就是弯曲的，如褶皱面、侵入体接触面等；另一方面则主要受地形起伏的影响。假定岩层面是平面，它与起伏地面的交线——地质界线就呈一曲线，这条曲线的弯曲情况受岩层产状及其与地形的关系控制，即受"V"字形法则控制，其概要如表 4-3 所示。

表 4-3　倾斜岩层地质界线与地形的关系("V"字形法则)

类型	岩层倾向与地面坡向的关系	岩层倾角 α 与地形坡度角 θ 的关系	地质界线弯曲方向和地形等高线弯曲方向的关系	地质界线的露头表现
I	相反		相同	"V"字形露头线的尖端在沟谷处指上游，山脊处"V"尖指下坡
II	相同	$\alpha > \theta$	相反	"V"字形露头线的尖端在沟谷处指下游，山脊处"V"尖指上坡
III	相同	$\alpha < \theta$	相同，地质界线弯曲程度比等高线高	"V"字形露头线的尖端在沟谷处指上游，山脊处"V"尖指下坡

"V"字形法则是指在山谷地区，倾斜产出的地质体和地质现象的界面(如岩层层面、断层面等)在地表的出露界线，在大、中比例尺地形地质图平面上近似为"V"字形。在地质填图时，根据地质界面的产状及其与地形之间的组合关系，在地形底图上，正确勾绘地质界线的方法称为"V"字形法则。

概括地说，在地质图上倾斜岩层的地质界线与地形等高线二者的弯曲方向根据"V"字形法则可以简化为三句话："相反相同，相同相反，相同小相同"。

"相反相同"：如果岩层倾向与地面坡向相反，那么在地形地质图上岩层界线与地形等高线的弯曲方向一致，且露头线的弯曲程度低于地形等高线。反之亦然，在地形地质图上，如果地质界线的弯曲方向与地形等高线的弯曲方向相反，那么岩层倾向与地形坡向相同。

"相同相反"：岩层倾向与地面坡向相同，岩层等露头线与地形等高线呈相反的方向弯曲。"V"字形露头线的尖端在沟谷处指向上游，在山脊处指向上坡。

"相同小相同"：岩层倾向与地面坡向相同，岩层倾角小于地形坡角，岩层等露头线与地形等高线呈相同的方向弯曲，但露头线的弯曲程度总是高于等高线的弯曲程度。"V"字形露头线的尖端在沟谷处指向上游,在山脊处指向下坡。

注意几点:

①岩层的走向和沟谷延伸方向平行时,上述规则不适用。

②上述规则适用于大比例尺地质填图,中、小比例尺地质填图反映不明显,因此很少用"V"字形法则。

在本次锡矿山地质填图中,野外勾绘地质界线时要认真应用和熟练使用这个法则。

还应指出,面状地质体(如岩层、断层及岩体的局部近平面状接触面等)的界线弯曲主要是受地形起伏影响,但是地质图的比例尺愈小,地形对地质界线弯曲的影响也愈小,例如在小于1:100万比例尺的地质图上,地质界线的弯曲基本上不受地形影响,而主要是界面本身弯曲(如褶皱)造成的。

2)地质界线的勾绘方法

(1)在地形底图上,把同一界线上的相邻的观测点连接起来,就是地质界线勾绘,连接必须在野外根据实际情况完成。勾绘地质界线第一是要考虑岩层的产状,即界线总的延伸方向应该与岩层走向一致;第二要考虑地形的影响,大比例尺地质填图的岩层界线要应用"V"字形法则进行勾绘;第三,勾绘需要不断进行校正,因为一个点上看到的地质情况毕竟是有限的。有时由于视野不好,或者界线不明显,在观测点上进行勾绘不够准确,而站在较高或较远的地方则能清楚地分辨界线,这时可以先在点上把界线的大致勾绘出,再到观察清楚的地方进行校正,这叫"近勾远校";反之,也可以先在远处将观察清楚的界线大致勾绘,再到观测点上准确定下来,这叫"远勾近校"。

(2)在控制点间插入地质界线,在露头零星界线被掩盖的地段观测点不在界线上,这时地质界线要用插入法勾绘。如图4-5所示,地质点D207和D208是分别定在两个孤立露头上不同地层的岩性控制点,因露头间的界线被浮土覆盖,而不能直接勾出,这时,首先要对露头进行研究——经查明它们分别属于锡矿山组的泥塘里段和马牯脑段,此处为一套单斜地层,整合接触——进而与锡矿山组的实测剖面进行对比,确定露头相当于剖面的什么部位(上部、下部或中部),从而推断出界线位置是插在两控制点间,最后,根据岩层产状的地形特点勾绘出地质界线。

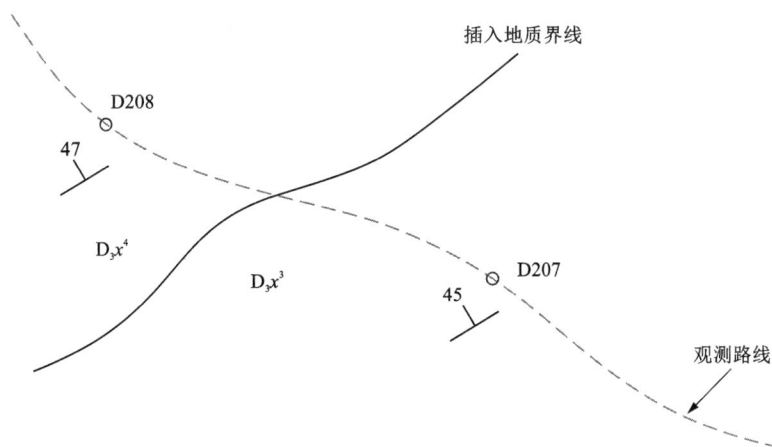

图4-5 在控制点间插入地质界线

（3）根据残坡积物判断地质界线。在基岩被大片残坡积物掩盖时，可以根据残坡积物来判断地质界线，做法是：首先根据残坡积物的特点，确定其原岩的时代和岩性，然后追索残坡积物的分布范围，一般地说残坡积物的边界和坡积物的最高位置就大致是界线的位置，但未充分考虑地形的影响和岩层产状特点、利用残坡积物勾绘出来的界线可能是不准确的，所以应该尽量寻找零星露头和邻近出露好的地段来校正，必要时应该布置工程进行揭露。

（4）根据地貌标志判断地质界线。由于各种岩石的风化剥蚀程度不同，所以，不同岩层造成的地形形态、土壤颜色，甚至植物的生长情况都有一定的差异，利用这种差异，也能帮助判断及勾绘地质界线。在锡矿山填图区，锡矿山组的兔子塘段和马牯脑段厚至巨厚层状灰岩在地貌上常常形成陡崖和陡坎，相对抗风化；长龙界的钙质页岩易风化，在地表常常形成负地形且植被茂盛；填图区的标志层即锡矿山组泥塘里段的"宁乡式"赤铁矿或铁质砂岩颜色鲜艳，地表常被人工开挖采矿形成矿坑。上述这些特征为填图时识别地质界线提供了方便。

（5）被小片第四系掩盖的地段，地质图上尽量不填第四系（砂矿图除外），而应根据周围情况及零星露头推断第四系下面基岩的地质界线，推断的界线用虚线表示。

（6）标志层的运用，前已叙及，标志层可以帮助识别地层，从而也可以用来确定地质界线的位置。

（三）野外观测内容

野外地质观测是地质填图工作收集实际资料的基本手段之一，必须认真负责地进行地质观测，在工作中要做到"四勤"，即勤跑、勤敲、勤思考、勤记录，既要忠实于客观地质情况又要"透过现象看本质"，用各种地质理论分析记录各种地质现象，从中找出规律，得出正确的结论。

一个观测点的观测内容，因为点的性质不同而不同，综合起来主要是下面各项：

（1）地层：观察地层岩石的特征（包括颜色、厚度、矿物成分、结构、构造、岩石组合、沉积韵律和化石等）并初步命名，识别原生构造（波痕、泥裂、雨痕、印模等），采集化石标本并进行初步鉴定。结合其他资料，确定地层的时代和层位，准确地寻找分层界线，并填绘在图上，注意有无岩相变化及相变特征。此外，还要重点观察地层间的接触关系、矿化和蚀变等地质现象及找矿线索。

（2）侵入岩：观察岩石的主要特征（包括颜色、矿物成分、结构、构造等），确定岩石类型并初步命名以及侵入岩的形态产状；确定侵入岩的侵入次序及时代，准确寻找岩体的地质界线和相带界线，并填绘在图上，认真观察侵入体与围岩的接触关系、接触带和蚀变类型，仔细寻找各种矿产及矿化现象；用一定的符号将变质带、蚀变带、矿化等标绘在地质图上；寻找捕房体并观察同化混染特点；观测脉岩类型、规模产状、空间分布规律、相互穿插关系及生成次序；研究侵入体与地质构造的关系。

（3）构造：测量岩层产状，注意产状的变化情况，观察各种断层现象，确定断层存在的证据，查明断层性质、规模和产状，仔细观察断层破碎带是否被岩脉充填或存在矿化蚀变现象。褶皱观测主要是通过岩层产状和地层的对称分布和重复出现来进行。节理、劈理、片理、层理及各种小型构造的观测一般是在一些观测点上做专门观测和研究。此外，应注意观察各种构造之间空间和成因联系。

（4）矿产：找矿和查明矿床特征是地质填图的主要目的。在地质填图过程中一定要注意对矿产及矿化和蚀变等找矿标志的观测，寻找矿产露头，准确确定矿体界线，并勾绘在图上。观测矿体的规模、形态、产状、矿石矿物组成、次生变化、矿化类型和主要控制因素等特点，在矿化地段应加密观测点。

以上各项基本观测内容，并非每个观测点都照搬，而应根据各点的具体情况，抓住主要矛盾进行观测，观测范围也不能只局限于一个点，而应做适当的追索。

(四)野外记录的要求与格式

地质观测的结果，要及时记录在野外记录本上，记录格式参考图4-6，记录内容因地质点的不同而异，现综合如下。

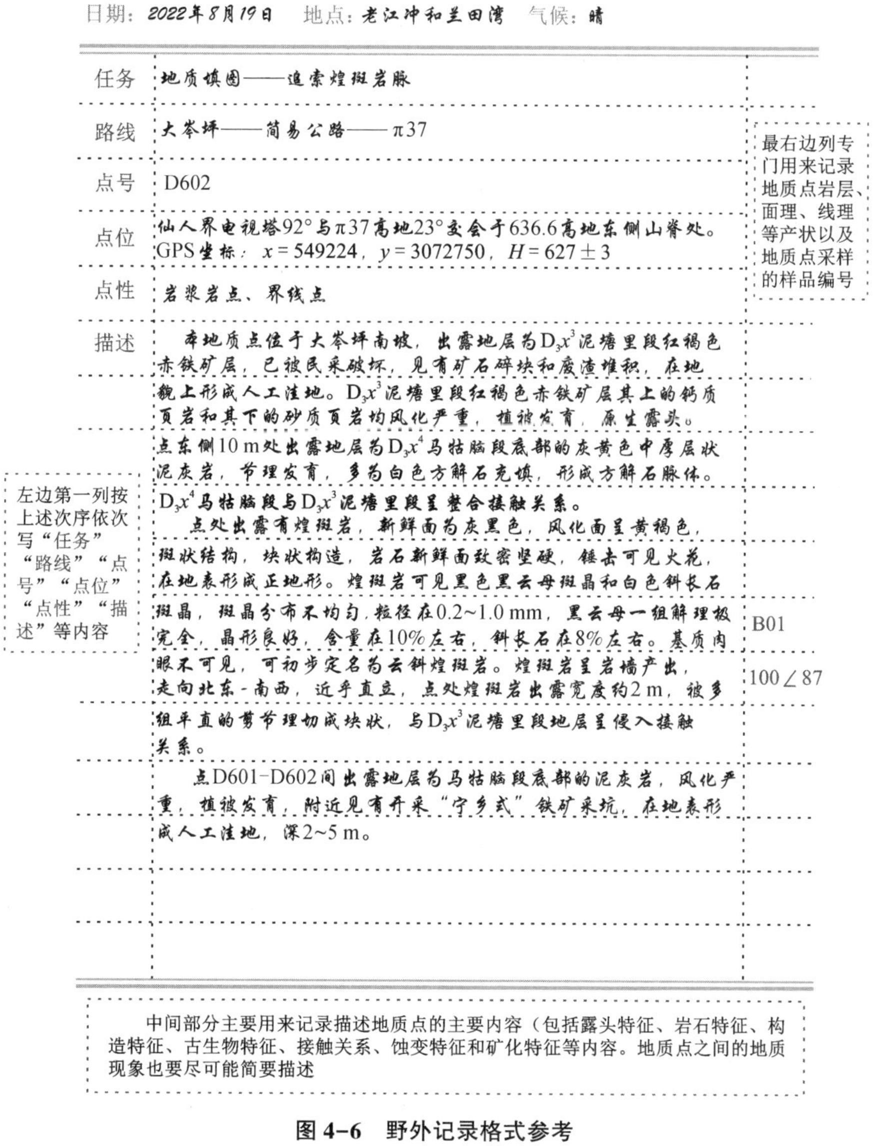

日期：*2022年8月19日*　地点：*老江冲和兰田湾*　气候：*晴*

任务	地质填图——追索煌斑岩脉	
路线	大岑坪——简易公路——π37	最右边列专门用来记录地质点岩层、面理、线理等产状以及地质点采样的样品编号
点号	D602	
点位	仙人界电视塔92°与π37高地23°交会于636.6高地东侧山脊处。GPS坐标：$x=549224$，$y=3072750$，$H=627\pm3$	
点性	岩浆岩点、界线点	
描述	本地质点位于大岑坪南坡，出露地层为D_3x^3泥塘里段红褐色赤铁矿层，已被民采破坏，见有矿石碎块和废渣堆积，在地貌上形成人工洼地。D_3x^3泥塘里段红褐色赤铁矿层其上的钙质页岩和其下的砂质页岩风化严重，植被发育，原生露头。 点东侧10 m处出露地层为D_3x^4马牯脑段底部的灰黄色中厚层状泥灰岩，节理发育，多为白色方解石充填，形成方解石脉体。D_3x^4马牯脑段与D_3x^3泥塘里段呈整合接触关系。 点处出露有煌斑岩，新鲜面为灰黑色，风化面呈黄褐色，斑状结构，块状构造，岩石新鲜面致密坚硬，锤击可见火花，在地表形成正地形。煌斑岩可见黑色黑云母斑晶和白色斜长石斑晶，斑晶分布不均匀，粒径在0.2~1.0 mm，黑云母一组解理极完全，晶形良好，含量在10%左右，斜长石在8%左右。基质肉眼不可见，可初步定名为云斜煌斑岩。煌斑岩呈岩墙产出，走向北东-南西，近乎直立，点处煌斑岩出露宽度约2 m，被多组平直的剪节理切成块状，与D_3x^3泥塘里段地层呈侵入接触关系。 点D601-D602间出露地层为马牯脑段底部的泥灰岩，风化严重，植被发育，附近见有开采"宁乡式"铁矿采坑，在地表形成人工洼地，深2~5 m。	B01 100∠87

左边第一列按上述次序依次写"任务""路线""点号""点位""点性""描述"等内容

中间部分主要用来记录描述地质点的主要内容（包括露头特征、岩石特征、构造特征、古生物特征、接触关系、蚀变特征和矿化特征等内容。地质点之间的地质现象也要尽可能简要描述

图4-6　野外记录格式参考

首先在页首记录日期、气候、工作区，一天填写一次。

在填图过程中观测记录按下列要求进行：

（1）路线：从×××经×××到×××，地名或地物应该在地形图上有醒目标记。

（2）任务：观测路线的主要任务（地质踏勘、实测剖面、地质填图……）。

（3）点号：指地质点编号。一个矿区如果有两个填图组，最好一组用单号D1、D3、D5……，另一组用双号D2、D4、D6……，地质点编号可以不连续，但是绝对不可以重复。本次锡矿山地质填图实习因测区面积不太大，统一采用"D"+三位数字顺序编号，如D101表示填图第一天01号地质点。在面积较大的填图区地质填图小组较多，一般采用四位数编码，如D1001、D1002……D2001、D2002，第一位数字表示填图组的编号，后三位为地质点号。

（4）点位：GPS的定位坐标、后方交会方位及相对于明显地物地貌的特定位置等。

（5）点性：界线点、构造点、岩性控制点、岩浆岩点、化石点、水文点、地貌点、矿化点等及露头情况（良好、较好、一般、零星、掩盖、天然露头或是人工露头）。

（6）描述：这里主要是按观察的先后顺序描述地质点的岩石性质，这是一个点上最基本的描述。基本描述包括岩石的名称、特征（颜色、厚度、主要矿物成分、结构、构造等）及相互接触关系。补充描述的内容和基本描述大致相同，但更深入细致，并且有定量数据，同时还加上岩石的次生变化情况。内容主要有：岩石名称、岩石特征（颜色、矿物成分、结构、构造、次生变化等）、矿物组合特征、古生物及遗迹化石、蚀变及矿化现象；矿层、岩脉的岩矿石名称及特征、产状、厚度、穿插关系；地质体及地质构造（褶皱、断裂、破碎带等）的产状、性质、接触关系、垂直及水平方向上的变化、地貌及水文地质等。

（7）地质构造：描述观测点及其附近的构造现象。

（8）矿产：描述观测点及其附近的矿体露头特点及矿化蚀变现象。

（9）水文、地貌及其他地质现象。

（10）采集标本、样品的名称编号和数量。地质点及沿途采集的标本、样品，应在实地和手图的相应位置上进行标示和编号。

（11）对于重要的地质现象，可以在野外记录本的左页（厘米纸）上用素描图、信手剖面图进行详细描述和记录，也可以用照片进行记录，照片编号应与记录本上的标注一一对应。

（12）路线地质：为了控制相邻观测点之间的地质情况，当一个点工作结束后，随即便开始路线观测，直至下一个观测点为止。观测内容和地质点大致相同，对垂直于岩层走向的穿越路线，要作信手剖面图。同时将路线上所遇到的地质界线勾绘在图上。如D1—D2表示1号地质点到2号地质点之间的路线。记录内容主要是描述两点间先后观察到的地质现象，可以简略一些。但应注意：记录的地质现象要有准确位置（对应某个地质点的方位和平距）；应记录地质现象的性质和特征，并说明与已知地质点有无差异或变化；路线上尽可能多地实测岩层产状，注意产状变化并分析原因；每条路线的观察记录具有连续性；必要时可作路线剖面图或平面图表示地质体形态特征和变化规律。

现举例描述如下：

本点出露岩石为锡矿山组泥塘里段（D_3x^3）褐红色中厚层状细粒铁质砂岩（以上为基本描述），单层厚10~40 cm，层理发育、层面平整、细粒结构，粒径0.2 mm左右，块状构造，成分以石英为主，含大量白色生物碎屑，含量10%~20%，粒度为0.2~0.5 mm，定向排列，与层面大致平行。偶见少量赤铁矿鲕粒，胶结物为铁质，胶结不紧，易风化松散，风化后呈黄褐色。岩石 2 组剪节理发育，常将岩石切割成块状(以上为补充描述)。记录本右侧主要用来记录岩层、节理、线理等产状和地质点采样的样品编号，产状用符号"312∠45"表示。如果观测点岩石有数层需要描述，就应按观测顺序进行分层描述，并说明各分层之间的接触关系。

在野外对地质现象进行观测和记录时应注意：

①记录内容要精练，但又必须阐明地质特点。对所见的地质现象应做全面观察和描述，但各个观测点都有一定的主要目的，因此记录内容应有所侧重，应该有主有次，重点突出，切忌没有突出地质点重要信息的千篇一律。例如有的侧重于地质现象的观察研究，有的侧重于地质界线的确定或侧重于露头剖面等。

②应该用硬铅笔(2H)记录，字迹要清晰，文理要通顺。

③记录必须在野外观测点上完成，室内可进行必要的补充和修整。

④野外记录本的使用是左页绘图，右页用于文字记录，记录格式示例见图 4-6。

⑤最后必须指出，在野外工作时，绝不能盲目地、不假思索地单纯观察记录地质现象，必须把观察记录看作是不断认识客观地质规律的手段和过程，所以，在路线观察过程中，必须不断地思考和分析各种地质现象的关系，这条路线和其他路线的联系，每前进一步，都要有预见性，就是要根据已掌握的情况和地质规律推测前面应该出现或可能出现什么现象，有几种可能。如果前面遇到的和预想的基本符合，说明主观认识与客观一致，如果仅部分符合甚至和预料相反，说明认识有片面性甚至是错误的，必须及时分析其原因，重新做出判断，只有这样，对客观地质的认识才能不断提高，对本区情况做到心中有数，抓住问题的关键。工作目的性明确，才能够有目的地获得所需的地质资料。

野外地质记录质量一般从下面 5 个方面进行评价：

①记录格式、描写内容和顺序、计量单位等要符合有关地质规范的规定，概念准确、字迹清晰。

②岩石定名基本准确，岩性描述详细且与定名符合。

③各种产状数据齐全、准确、有代表性。

④对重点地质现象作的素描图、信手剖面图符合实际情况，重点突出，清晰美观。

⑤路线地质记录连续，界线点控制准确，重要地质现象有详细记录。

(五)标本样品的采集

在填图工作中要有目的地采集一些有代表性的标本和样品，采集的标本有两种，一类是作为野外工作成果的一部分而长期保存的，包括成套的地质填图区地层的岩石、化石、矿石、矿物的标本等，除了在实测剖面时系统采集外，在填图过程中应补充收集新发现的标本和有意义的标本(如表明构造变动的糜棱岩和断层角砾岩，反映成矿条件的围岩蚀变及晶洞，古生物标本等)。这类标本需正式登记编录，而且对岩石标本还有一定的规格要求。一般可采用 3 cm×6 cm×9 cm 或 2 cm×5 cm×8 cm(薄层岩石)的规格。另一类是野外工作及室内整理期间进行对比、研究用的临时性的标本，工作完成后不再保留，所采集的标本除特殊需要外，一般应在新鲜露头上采集，采集后应及时填写标本标签，进行登记和妥善包装。对于为了某些目的(如研究断裂活动、岩体侵入顺序等)需研究岩石内部的矿物组构方位者，还需采集定向标本，进行室内研究。

除标本外，根据工作的要求，还要采集一定数量的各种分析样品，如化学分析样、光谱分析样、重砂样、同位素测年龄样等。有关各种样品的具体原则、方法和要求应按有关地质规范的具体要求进行处理，此处从略。

(六) 定向标本取样

定向标本取样一般有如下四个步骤。

(1) 选择定向面。

在准备敲打下的标本上选取一个较平整的面作为定向面，定向面最好是选择构造面，如层理面、断层面、片理面等面状构造，不得已时才选择其他较平整面。

(2) 标本标识。

常用标本标识方法主要有两种: 产状定向法和地理定向法。

① 产状定向法:

测量定向面的产状，将所测的产状标在定向面上，标识方法如图 4-7(a) 所示。应注意走向的方位角度数应用箭头标识，并将方位角标在走向线之上; 其次应将倾角标在倾向线旁边，最好将倾角方位标出; 最后需要标出定向面是朝上还是朝下，若朝下要在上面写"下"字标识，若朝上则无须再做标识。

② 地理定向法:

适用条件: 露头上找不到较为平整的结构面。

在标本两侧任意二度空间上，用罗盘水准器定出两条水平线，同时在第三维空间(稍微平整的近于水平的面)标记指示正北的方向，如图 4-7(b) 所示。

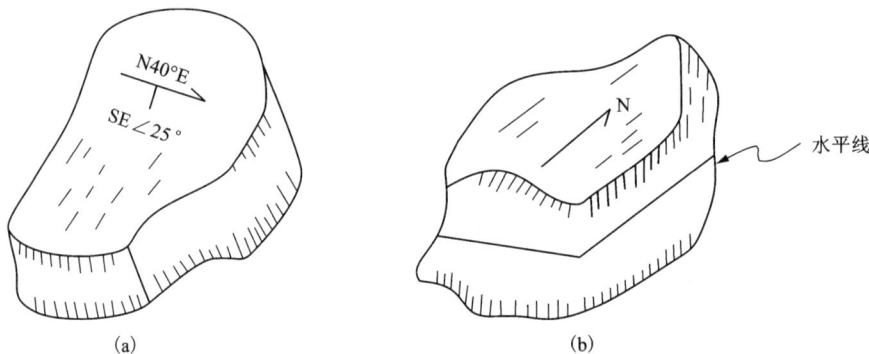

(a)产状定向法标识; (b)地理定向法标识。

图 4-7 定向取样标本的标识方法示意图

(3) 拍摄照片及绘制素描图。

观察所采标本位置及定向面的性质，拍摄具有代表性的宏观露头照片及局部照片，其次是绘制露头情况素描图。

(4) 记录。

① 标本编号、照片编号和定向方位数据。

② 标本的地理位置及产出的构造部位，并将采样点标于地质图上。

③ 测量并记录所采标本的露头上所有面状构造和线状构造的产状，包括层理、片理(叶

理)、破劈理、节理、线理、擦痕、褶皱轴及褶皱面等。

三、野外工作中资料的整理

野外工作中,对资料必须及时整理,做到每天有整理,阶段有小结,这样可以及时交流经验,发现问题,以指导进一步工作,更重要的是通过资料的逐步整理,对工作区的地质特点也就逐步加深了认识。在整理工作中要做到"四统一",即地质情况、地质图、记录和标本样品统一,统一于客观地质情况。整理的主要内容有:

(1)清绘地质图。

每天都将野外所定的观测点、地质界线、岩层产状等进行修整,上墨清绘。

(2)整理野外记录本。

对当天路线上的重点问题进行研究小结,通过化石,岩、矿标本的初步鉴定,对野外文字记录进行修改补充,将信手剖面图、素描图进行清绘整饰,对拍的地质现象照片进行补充记录描述。

(3)整理标本样品。

所采集的标本样品,应及时慎重挑选,去掉多余的,将标本样品统一编号,填写登记表,需要室内分析的标本和样品要填写送样单及时送交有关单位鉴定和化验。

(4)根据工程成果校正地质图。

在已进行山地工程的地段,探槽、浅井揭露了地表看不见或看不清楚的地质现象,而钻探等深部工程更进一步检验了地表的观测成果。因为各种工程一般都经过仪器标测和编录素描,位置准确,观测深入细致,因此,在这些地段就要随时利用工程成果校正地质图,同时对文字记录和其他资料做相应的修改和补充。

第五章

地质填图室内资料综合整理

室内整理和总结工作的主要目的任务：全面整理填图过程中收集的资料及其他方面收集到的资料，对资料进行综合分析和系统研究，总结出地质矿产特征和规律，并对工作区内的矿产远景及找矿方向提出建议。按照设计要求提交地质填图的最终成果，主要是各种图件（地质图、矿产图等）、地质报告、各种专题研究报告以及经过整理的原始资料。下面将有关工作的具体做法和要求分述如下。

一、原始资料的整理与综合研究

按照地质规范 DZ/T 0079 相关规定进行地质资料综合整理与综合研究。坚持"三边、三及时"原则，即边填图，边整理及综合研究，边指导野外工作；及时整理第一手资料，及时编制各类过渡性及综合性资料，及时提交相应阶段的地质成果。坚持执行日整理、阶段整理和综合整理工作程序。

(一) 原始资料的整理

由于填图是分小组进行的，因此，对原始资料的整理工作除小组进行外，全队还应有专人负责，在野外工作基本结束时，要全面检查各种野外工作成果和资料，其工作内容有：

(1) 将全部资料分类登记编录，检查有无遗漏、重复、损坏等情况。若有，应及时进行处理。如发现野外工作成果有重大错误或遗漏，证据不足时，应组织人员到野外检查，补缺或返工。

(2) 当天形成的原始资料，应当天整理完毕。主要内容包括：检查、整理野外记录、素描图和野外手图，完善综合手图，整理采集的样品和标本，按照"五统一"(统一定名、统一认识、统一编号、统一技术要求、统一步骤)的要求进行检查。

(3) 整理野外记录本。首先将野外记录本和地质图进行检查核对，做到图文相符。然后，根据岩矿、化石样品的鉴定分析成果对照野外观察记录，进行修改补充，修改与补充的内容应注在原记录旁边。最后应将所有记录本编目备查。

(4) 野外应及时进行原始资料的检查校对，发现错误时，应到现场检查后据实修改，不准许在室内凭记忆修改。野外原始资料不准许涂改和删除，应通过批注的方式修正或说明。

(5) 应进行野外编录资料与实物资料的核实，做到野外记录、各类图件、照片、视频录像、各类样品、电子资料等相互吻合。

(二)整理地质图及其他图件资料

首先检查和核对野外地质图(清图)与野外工作图是否一致,图幅内容是否吻合,确保原始资料正确,待已有鉴定成果及综合分析结论后再编制定稿的地质图。此外,对其他的资料,例如实测地层剖面和工程成果等资料应及时加以整理,保持资料的一致性。

(三)综合研究

在资料整理的基础上,应针对调查地区地质矿产的关键问题进行综合研究,例如对地层的划分和对比,地层、构造、岩浆岩的特点及其对成矿的控制作用,矿产的时空分布规律、成矿模式和综合找矿模型等。

二、编制基本图件

地质测量(填图)的最终成果要通过编制各种地质图件表达出来,其中最重要的是地质图和矿产图。此外尚有一些专门性的图件,如构造纲要图、地貌图、水文地质图和物探及化探异常成果图等。有时为了简化图件,而将地质图和矿产图合并编制为"地质矿产图"。

各种地质和矿产图件是从各方面反映工作区的地质情况,是体现地质调查成果的主要形式,所以编制图件的过程也是对测区地质矿产特征进行综合研究的过程。在编制时,对测区的各种地质现象要给予科学合理的解释,并得出一定的结论。对不合理的地质界线和无法解释的地质现象,在充分研究的基础上允许做必要的补充修改,重要地质问题应到野外进行实地校正或重测,因此,编制图件并不是将野外图件重抄清绘,而是进行充分的研究和加工,使之更加完善。下面着重介绍地质图等的编制。

(一)地质图

野外工作结束时完成的野外地质图(清图),一般是在岩石初步定名、野外初步划分地层的基础上填绘的,可能还不够准确,待取得主要岩石的镜下鉴定和准确定名及生物化石鉴定结果等室内成果后,应对图上的地层单位年代、代号,及岩浆岩名称、代号等做适当修饰,再对全区地质资料综合分析加工编制出定稿地质图。

一幅定稿的正规地质图一般包括三部分,即地质图及图例、综合地层柱状剖面图和地质剖面图。这三种图的分层单位和制图单位必须一致,所采用的地质符号、代号和颜色(着色色谱)按相关地质规范的统一规定执行,图上要表示的内容和基本要求如下。

1. 地质图

地质图是指用一定的符号、颜色和花纹将某一地区各种地质体和地质现象(例如各种地层、岩体、构造、化石、矿床形态等的产状、分布、形成时代及相互关系)按一定比例尺综合概括地投影到地形底图上的一种图件。不同比例尺地质图所表示的内容有一定的差异。

地质图应以同比例尺的地形图作为底图(如果填图是采用更大比例尺的地形底图,则需将定稿地质图转绘在同比例尺的地形底图上或缩小成相应的比例尺),比例尺较小的可以将地形简化,有的地质图根据需要可以不附地形(即不带地形等高线),但仍需标示出坐标和主

要地形地物(如山峰、水系、主要道路、城镇和居民点等)。地质图图面的其他标示内容如下:

①地形等高线、水系、坐标线及符合有关规定的坐标和高程系统;城镇、居民点、厂房、桥梁、高压输电线路、主要交通线路、输水(油、气)工程、光缆等。图上的各种地理注记以能说明地理位置及经济条件为限。

②各种地质界线,包括各种性质的断层线、韧性剪切带、地层、侵入体、矿体、矿化带、含矿层等的地质界线。

③各种地质体的地质单元归属、地质时代归属,对其用规定的颜色、花纹符号、编号及代号进行标示,对矿体和矿化带应醒目标示。

④经合理取舍后的实测地质数据,如地层(岩层)产状、构造要素和地质统计数据等。

⑤重要探矿工程、剖面线的位置及编号、物化探工作成果和重要样品的采集位置。

⑥综合地层柱状图、侵入岩形成序列表、地质剖面图、图例及说明等。

⑦沉积地层、火山地层和变质地层应根据地质图比例尺分别划分和标示岩石地层单位,(1:25000)~(1:10000)的地形地质图,应划分并标示到组,只有与成矿无关或对区域地层的研究有必要或可能时,可以并组为群;(1:5000)~(1:500)的地形地质图,应划分并标示到岩性段或岩性层。

⑧侵入岩填图单位应根据地质图比例尺分别划分和标示岩石单位或地质时代+侵入体岩性,(1:25000)~(1:10000)的地形地质图,应划分并标示到单元或纪(世)+侵入体岩性;(1:5000)~(1:500)的地形地质图,应划分并标示岩性、岩相变化或侵入体的期、阶段、次。

地质点、地质界线、各种地质要素、地质工程等在各类图件上的标绘或转绘的最大误差不应大于1 mm。

各类图件的图例应符合地质规范区域地质图图例GB/T 958相应部分的最新规定。

2. 地质剖面图

根据图幅的地质情况,每幅地质图都要附一条或几条切过全区(在图上切绘)的地质剖面图,剖面线应选在通过地层、岩体出露完全,构造复杂的地区,并尽可能垂直于主要构造线方向(及垂直于岩层走向和主要断层走向),如果区内不同地段地质构造特点不一样,则应选作几条剖面线,剖面线要通到图框,尽量取直线,必要时也可取折线,但转折点要尽量少。

剖面图的水平和垂直比例尺应尽量与地质图一致,在地层平缓地区,剖面的垂直比例尺可以适当放大,但必须在图上标明。

剖面图的放置一般是北方和西方在左端,南方和东方在右端。

在剖面图上地形起伏线的两边,要用两根垂直线限制住剖面的边界,垂直线上所注明的标高应与地形的标高一致,下边还可选用一定标高的水平线作基线。剖面垂直于边线的上端,应注明剖面方位,剖面所经过的主要山峰、河流、城镇名称要注明在地形起伏线上面,排在同一水平高度上。

剖面图内不宜过多留空,地下一定深度的岩层,应该根据岩层顺序、厚度和构造情况加以推测。

3.综合地层柱状剖面图

在正式地质图框外的左侧，常有一个综合柱状图，按新老关系从上到下表示该区发育的各时代地层的岩性特征及其厚度、地层接触关系、岩体穿插关系等。柱状图是地质图的主要附图，它的比例尺视情况而定，一般总是大于地质图的比例尺。

综合地层柱状剖面图是在综合全区的地质资料基础上编制的，它反映工作区地层发育情况，代表全区地层的完整系统，同时也适当反映出地壳运动、岩性变化和岩浆活动的主要特征及时间关系。

综合地层柱状剖面图的绘制方法和图的格式与实测地层剖面柱状图基本类似，格式中层序及分层厚度二栏，可以不要，有时根据需要可在岩性简述后面加上地貌、水文及矿产栏，由于综合地层柱状剖面图内容更加广泛和多方面，故表现形式更为复杂多样。

综合柱状图中的地层系统一般是综合全区若干实测地层剖面及其他地质资料编制的，因而它反映的不是某一个剖面，而是全区的情况，正如上述是表示全区地层的完整系统，由于各地在不同的地段厚度有变化，因此此图上用文字标注的厚度采用地层的最小—最大厚度，而在柱状图中只标注最大厚度。若某些地层单位岩性单一，但厚度很大，为了使图面紧凑美观，可用弯曲的双线断开(不封口，充填白色)缩减表示，但标注厚度数字不变(图 5-1)。

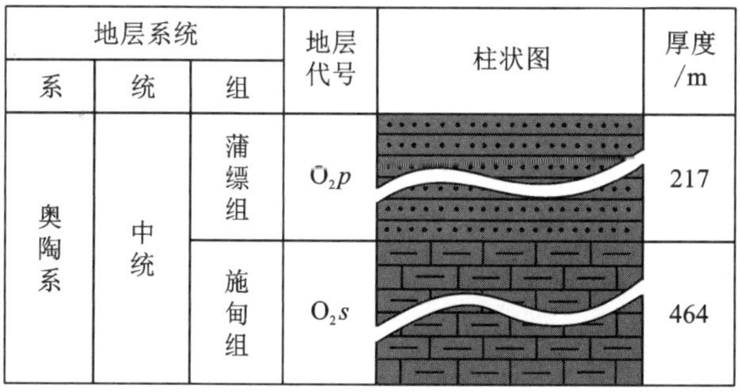

图 5-1　地层厚度缩绘的参考图

测区内的主要侵入岩和岩脉(包括不同时代、不同种类的侵入岩和岩脉)也要适当标示在柱状图上。在作柱状图时，先要把侵入岩和岩脉绘出，侵入岩和岩脉可以从柱状图的底部开始绘，也可以从旁侧绘出。不同时代的侵入岩和岩脉应标示相互穿插的关系，同时代的几种侵入岩和岩脉一般只绘出其中主要的一两种，而在描述中要列出侵入体的种类。此外还应反映出侵入岩和岩脉的时代，能确定时代上限的一定要绘至接触面(一般是不整合面)，只能确定时代下限的标绘至被侵入的最新地层中(图 5-2 和图 5-3)。

图 5-2　侵入岩体画法参考图

测区内某些地层单位有明显的区域性横向变化时，则应在柱状图上，把有岩相变化的相应层位，用一条不规则的折线纵向分开，以表示其相变情况(图 5-4)。

至于一般岩性复杂的地层单位，主要抓住其主要岩性和主要的岩石组合规律来绘图便

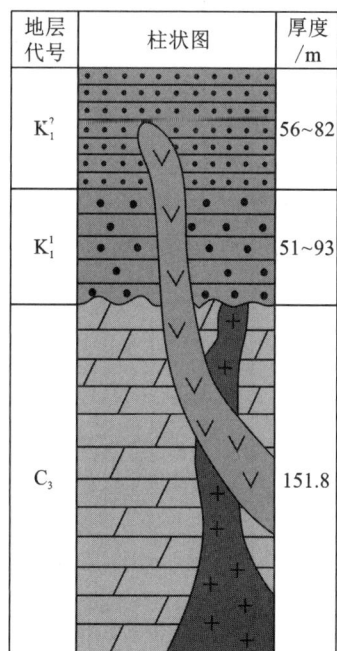

地层系统				代号	柱状图	厚度/m	岩性描述
系	统	组	段				
白垩系	下统	馆头组	第三段	K_1gt^3	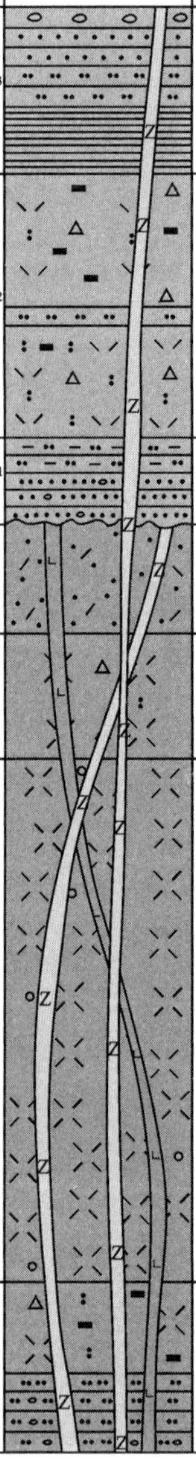	207.0	砂岩,粉砂岩,砂砾岩,黑色页岩,含碳质、砂质泥岩
			第二段	K_1gt^2		300.0	流纹质含角砾晶屑熔结凝灰岩,中间夹一层粉砂岩
			第一段	K_1gt^1		257.8	以浅褐色砂砾岩、浅黄色粉砂岩为主,夹沉凝灰岩、黑色页岩和砂岩
		高坞组	第二段	K_1g^2		102.5	晶屑凝灰岩及含砾晶屑凝灰岩,未见顶
			第一段	K_1g^1		183.1	上部为流纹质含角砾熔结凝灰岩夹晶屑凝灰岩;下部为流纹质熔结角砾凝灰岩
		大爽组	第三段	K_1d^3		774.4	球泡球粒流纹斑岩、流纹岩
			第二段	K_1d^2		267.8	上部为流纹质角砾晶屑凝灰岩、含砾晶屑凝灰岩;下部为凝灰质含砾砂岩夹流纹质晶屑凝灰岩

图 5-3 岩脉画法参考图

可。在柱状图上还要标示各时代地层的接触关系,一般为简单起见,如实测剖面柱状图的画法一样,不考虑地层的产状,把所有的地层与岩性符号均画成水平,而用专用符号表示其接触关系性质。

综合地层柱状剖面图采用的比例尺一般是根据地层的总厚度和所需表示的岩层最小厚度而定,要求能充分反映各地层单元(位)的岩性组、层序、含矿层位、化石层位和接触关系等内容,一般是等于或大于地质图的比例尺。

当存在两套不能合并的平行地层系统时，也可以绘制两个柱状图来表示。

(二)矿产图

矿产图是区域地质调查工作的主要成果资料之一，是综合反映矿产分布、规模、类型和形成时代以及各种方法所发现的异常和有关找矿标志及其与地质构造之间的关系的专门图件，也是按照统一规定和要求编制的正式图件之一。矿产图应该是用同比例尺的地质图作底图，按统一的图式进行编制。

矿产图以不同形式的文字、符号和颜色表示矿产的种类、规模以及重砂和物化探所圈定的全部异常区和异常点等。有关矿产图编制的基本原则和具体内容及要求可按最新的国家相关地质规范执行，本次锡矿山地质填图实习不作要求。

地层代号	柱状图	厚度/m
D₃s		
D₂q		75 ~ 180
D₂t		

图5-4 柱状图岩相变化画法

(三)构造纲要图

构造纲要图是地质填图成果中必须编制的图件之一。为了集中而又清晰地反映各种构造的展布特点，分析区内构造的成因特点，构造纲要图是在分析地质图的基础上，用规定的线条、符号和色调把各种构造形态和特征表示出来的一种平面图。构造纲要图能使人一目了然地认识和掌握全区的构造特征，尤其在构造情况较复杂的地区，能够表现出该地区较为清晰的构造轮廓，便于研究构造的规律。构造纲要图的比例尺小于地质图，在图上须标示出褶皱轴迹、断层、不整合界线(角度不整合和平行不整合)、侵入体、代表性的岩层产状及其他构造要素。

本次实习的构造纲要图用透明纸编制。编制方法和步骤如下：

(1)描图框并标示标志性的地形地物。

将工作区的图框描到一张透明纸上，并将标志性地形地物(如主要村庄、山峰、河流和道路等)的符号也描上，并写上名称。

(2)描断层线。

描上断层线(用红色)。已知性质和产状的断层应标明断层性质和断层面的产状。

(3)描产状。

把地质图上的岩层产状符号描到本图上。

(4)画构造层界线。

将各构造层的分界线(即角度不整合接触关系的界线)描到图上，并写上各个构造层的时代代号(即构成该构造层地层的区间时代代号)。

(5)画褶皱轴迹。

在褶皱轴迹所通过的位置，画上褶皱轴迹线的符号。一般用实心线表示背斜，用空心线表示向斜。一定要遵循褶皱核部出露宽的地方将轴线加宽，出露窄的地方画窄的原则。褶皱倾伏时轴线要消失，褶皱有分支，则轴线亦分支。

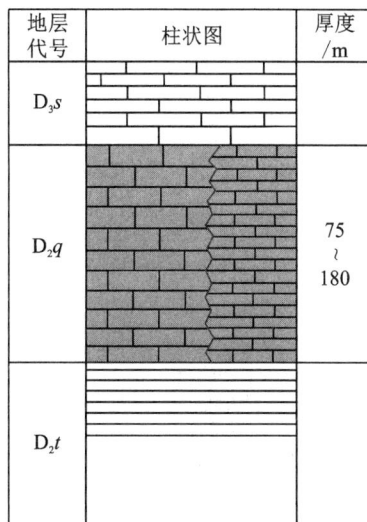

轴线分布密集的地方表示褶皱紧密，稀疏的地方则表示褶皱平缓。轴线的画法，要结合两翼岩层产状，确定其轴线所在，若两翼产状相等，则轴线平分核部或轴部的岩层；反之，则要考虑出露效应。

(6)构造层上色。

不同构造层要着上不同的颜色。构造层的颜色没有统一规定，一般按时代愈老色调愈深，时代愈新色调愈浅的原则着色。

(7)书写图名、比例尺、图例、责任表和图框修饰等。

地质构造纲要图主图的图框外，正上方是图名和比例尺，右边是图例，右下角是责任表。

(四)野外手图和综合手图

野外手图和综合手图是地质填图的重要成果之一，是宝贵的第一手资料，是编制实际材料图和地质图的基础资料，也是锡矿山地质填图实习的重要考核资料。

野外手图应按照地质规范 DZ/T 0382—2021 的要求进行标示。其主要标示内容有：各作业组野外实际形成的地质路线、地质点及编号、地质界线、断层和构造蚀变带、产状、岩性或岩性组合、标志层、矿层、地质代号、样品采集点及编号、实测地质剖面、老硐和所有探矿工程的位置及编号等。野外手图可根据综合整理和样品鉴定结果，加以补充或批注，使图件表达更加准确，但不应重新编制。当重要地质体出露范围很小时，可适当放大表示。

综合手图由各作业小组使用的野外手图上的内容转绘到同一幅地形底图上，经地质连图后形成。综合手图应该全面反映野外手图的内容，综合表达各项野外实际工作的内容、位置、填图单位和获取的各类地质数据，全面反映各种矿化、构造和岩性信息。

(五)实际材料图

实际材料图(野外清图)是以一定的符号反映野外地质工作中所获实际材料的图件。实际材料图在综合手图基础上编制，综合表达了与矿化、构造、岩性等相关的各项野外工作内容和获取的各类地质数据。实际材料图由各填图组将手图上的各项地质内容转绘而成，实际上是一幅完整清晰的手图。这一图件的定稿、清绘或一部分内容可在阶段性整理和最终室内整理中完成。

实际材料图反映区域地质填图中实际工作的详细程度，工作量的分布情况和各种地质体被控制的程度，也是作为衡量填图工作质量，检查被划分出的各种地质界线可靠程度的一种依据。

实际材料图图面标示内容：

(1)在与野外手图同比例尺地形图上编制，保留地形图上的所有地理内容。

(2)野外勾绘的各种地质界线，包括构造、岩性或岩性组合、地层、侵入体、矿体、矿化带、含矿层等填图单位的界线。

(3)各种岩性、岩性组合、构造、矿化带等填图单位的分布，花纹符号，编号及代号，对矿体、矿化带要突出表示。

(4)实测的地质数据，如地层(或岩层)产状、构造要素、地质统计数据等。

(5)地质点、地质路线、剖面线、探矿工程、样品的位置及编号，物化探工作测线、测点的位置、范围等。

对于实际材料图，应直接在计算机中编制数字化图，编制方法如下：

方法一：将手图中填绘的全部内容(地质点、路线地质、标本、样品、产状、已施工工程、各种地质界线、断层线等的位置、编号、代号等)扫描进计算机后数字化，再根据鉴定测试成果及综合研究结果在计算机中补充，加上图框、图名、图例(按矿区统一图例)、比例尺、责任表等，形成数字化实际材料图。实际材料图应在野外填图过程中逐步完成，以保证填图中出现的遗漏、错误、争议等问题能在野外得到弥补、修正和统一。

方法二：将手图中填绘的全部内容逐一手工输入计算机的与手图同版的电子(数字化)底图中，再根据鉴定测试成果及综合研究结果在计算机中补充完成。

三、编写地质填图实习报告

地质填图实习报告和地质图件是本次实习成果的集中体现形式。地质报告要阐明调查区内地质矿产的主要特点，并总结出成矿规律。报告内容要求结构合理、重点突出、层次分明、内容真实丰富、观点明确、证据充分、图文并茂、符合规范。报告和图件紧密联系。图件是报告内容的展示，报告又是图件的说明书。

编写实习报告的素材主要来源于实习教程、野外观察记录和实物照片，也可以适当参考相关书籍和论文，但不能本末倒置。鼓励查阅相关文献和前人的研究成果，开展实习区内的地层层序、沉积环境、煌斑岩、地质发展史、矿床、构造演化和古生物等专题研究和分析。

编写实习报告是个人综合分析能力和文字表达能力的具体表现，每个同学都必须认真对待。编写实习报告时，同学之间可以相互讨论，共同提高，但不能相互抄袭。一经发现，取消本次实习成绩或重新撰写。

资料翔实、结构合理、图文并茂、文字通顺、字迹工整和附图附表美观规范是一份优秀报告的基本要求。实习报告的封面和封底格式均按中南大学实习的统一要求；实习报告必须手写，不能打印；报告附图应为合适规格的高清彩图或黑白上墨清绘图，要求有图名和统一的编号；报告纸张为 A4 幅面的暗格报告用纸，按要求装订成册。

地质报告的内容和格式未统一规定，一般在参考规范要求的基础上，主要根据地质测量的具体任务要求和实际矿产情况来编写，但最基本的内容一般应包括：绪言、地层、岩浆岩、变质岩、构造、矿产等(区域地质调查对矿产部分，另外编写矿产报告)。有的根据需要还要加上地貌、水文地质和区域地质发展史等章节。总之，以能说明该区地质矿产情况为原则，根据需要而有所侧重。本次锡矿山地质填图实习报告侧重于地层和构造两章，可以参考以下提纲，也可以根据具体情况适当调整。

目录(附准确页码)

第一章 前言(概述地质填图区总的情况和实习的目的、任务、要求、工作方法等内容)

第一节 实习目的

第二节 实习任务和要求

第三节 锡矿山地质填图区的自然经济地理概况

第四节 以往地质工作及研究程度评述

第五节 工作方法、实物工作量(列表)、主要成果和质量评价

(本章附图：填图区交通位置图)

第二章 区域地质概况

第一节　区域地层

第二节　区域构造

第三节　区域岩浆岩

第四节　区域矿产

(参考《湖南冷水江锡矿山地质填图实习教程》和其他资料，简述地质填图区的区域地层、区域构造、区域岩浆岩和区域矿产，字数以控制在 2000 字以内为宜。本章附图：区域地质图)

第三章　填图区(测区)地质

第一节　地层

"地层"这一节在实习报告中内容分量最重，约占总报告的一半，需要详写。主要内容包括：工作区由哪些时代的地层组成，各时代地层在区内分布情况；由哪些岩石构成，厚度多大，沉积环境和岩相的纵横变化如何，地层的接触关系怎样；包含哪些化石，如何划分各时代地层，与邻区地层如何进行对比；等等。

首先概括说明工作区的全部地层情况。例如："本区地层除志留系、下泥盆统和古近系缺失外，从新元古界震旦系到新生界第四系皆有出露，其中以上古生界的泥盆系中、上统，石炭系和二叠系最为广泛，占图区的 50%~60%。露头良好，化石丰富。总厚达 2 万余米。沉积物以海相碳酸盐为主，陆相碎屑岩为次。本区除加里东运动、印支运动和燕山运动造成相应地层间的不整合和假整合外，其余皆为整合接触。"

然后再分述，按地层由老到新的顺序逐层详细叙述。各系、组、段均要立个小标题，标注上地层时代的代号。开始叙述时，先写露头分布情况(包括出露情况、地理位置、所处的构造部位、分布面积等)、岩石组合、岩相特征、总厚度、含矿性和接触关系等。系进一步划分，如划分几个统、阶、组、段。然后再分统、分组、分段自老而新逐一详细叙述。在写组或段(相当于填图单位)时，先综合性地叙述该组或段总的地层特征(包括分布、岩相特征、岩性划分归纳、化石类别、厚度等)，再列出自己所测制的代表性剖面，然后论述工作区内岩相的横向变化和厚度变化等。除文字叙述外，还要附上信手地层剖面图、各种素描图和各种典型地质现象相片(如岩石组合、蚀变矿化、层理、层面、结构、构造、接触关系、化石及其地貌等特征)。

地层的划分与对比可结合各组或段的描述一并写，亦可单独列一个标题，主要是论述地层划分的依据，与前人的划分的异同，新认识、新发现以及与邻区相当地层的对比。

(本节附图及附表：实测地层剖面信手剖面图，地层接触关系素描图，岩石结构、构造、矿物成分等各种典型地质现象彩色高清照片和锡矿山地区地层层序表。各种素描图和信手剖面图需要清绘上墨，照片要有编号、名称和拍摄地点，此外附图时始终要注意排版和美观，同类图片规格最好保持一致。)

第二节　构造

锡矿山矿田的褶皱构造、断裂构造以及各种小构造均十分发育。对填图区内各种构造的地质特征进行详细描述，研究它们的成因和发展演化以及和成矿的关系是本次地质填图的重要内容之一。首先对锡矿山矿田的构造格架和基本特征进行概括性的阐述，然后根据褶皱、断层和小型构造在内的主要构造分别进行详细描述。可以参考《湖南冷水江锡矿山地质填图实习教程》、矿田构造路线剖面观测和锡矿山矿田地质图等资料。

一、褶皱

先将褶皱按轴向分组,再阐述各组主要褶皱的特点。单个褶皱论述的基本内容是:名称、轴迹位置及其方向、规模、核与翼的组成、两翼产状、枢纽及轴面产状,褶皱形态类型(剖面形态、平面形态、转折端形态及几何形态等),褶皱与断层的关系,次级褶皱的空间展布与组合规律,褶皱的形成机制,褶皱与锑矿床、锑矿体的空间关系。

二、断层

分别详述测区内 F_{75}(西部大断层)、F_1、F_2、F_3(注意:本次实习区的 F_3 与锡矿山矿田控制罗家院矿床的 F_3 断层不是同一条断层,但编号相同)、F_4 和 F_5 的特点。单个断层论述的基本内容是:断层名称(地名+断层类型)或编号、位置、延伸方向、通过的主要地点、规模、延伸长度、标志或推测依据,断层面产状和形态变化,断层面的擦痕及其产状,两盘出露地层及产状,地层的重复和缺失及主要地层界线错开等特征,两盘相对位移方向,断裂带的构造现象(如构造岩、片理化、断层泥、伴生节理),断层的相对运动方向与断层性质,断层的断距大小(F_1、F_2 用赤平投影法求总滑距),断层与褶皱等构造的关系,断层产生的力学机制,推测断层形成及发展演化历史,测区断层的分组和组合规律,断层与锑成矿的关系。

三、小型构造

本节对实习区的典型小型构造的观察结果进行描述并进行分析,内容包括:小型褶皱、小型断层、节理、地堑、膝折、劈理、石香肠构造及构造透镜体、强烈挤压变形带、雁列构造、节理测量与分析,以及作者所收集的其他构造资料。

对每种小型构造阐述的基本内容是:

(1)发育情况及典型露头位置,规模及所处构造部位。

(2)地层与岩石。

(3)构造特征。

(4)分析认识。

以节理构造为例,其描述内容为:类型(张节理和剪节理)、特征、产状、发育程度、空间部位及组系划分、分期配套与其他构造的关系等。

(本节附图及附表:锡矿山地区构造纲要图、构造路线信手剖面图、典型构造现象素描图和照片、节理玫瑰花图、几何分析图解和节理测量原始数据表等。单独大图和节理测量原始数据表在报告的附录部分列出)

第三节　岩浆岩

对锡矿山地质填图区唯一出露的岩浆岩即煌斑岩脉进行详细描述,描述的主要内容有:岩体的出露位置、分布、规模、产状,与围岩的接触关系,岩石类型,主要矿物成分及其变化,结构构造,风化蚀变特征,成岩时代和岩石成因(可选)等。

第四章　填图区矿产

地质填图(测量)的主要目的是进行矿产普查,在于发现和查明工作区内可以利用的矿产资源及其地质特征。

依据主次顺序先后依次介绍锡矿山锑矿田和"宁乡式"铁矿的基本地质特征和主要控制因素,字数控制在 1500 字以内为宜(要求内附彩色插图)。

第五章　地质发展史

第一节　沉积发展史

第二节 构造发展史

本章综合叙述填图实习区的沉积史及构造发展史。基本内容是按地质年代顺序叙述某时代的地壳运动性质、强度，古地理环境和生物特征，沉积的地层名称、岩石或岩石组合、厚度及地质演化历史。根据构造层特征对形成地质构造的构造运动说明其名称(加里东运动、海西运动、印支运动、燕山运动、喜马拉雅运动等)、发生时间、形成的主要构造(褶皱、断层、岩浆活动、变质作用与成矿作用)等，分析构造的组合规律，形成的应力应变场和构造形成的时代及其发展史。

第六章 结束语

概括性地总结和评价本次地质填图实习取得的主要成果、新发现、新认识、收获和体会以及存在的主要问题，并就野外实习、资料整理、室内教学、组织安排和生活等方面提出自己的合理化建议，为持续提高锡矿山地质填图实习教学质量贡献自己的力量。

参考文献

参考文献的序号要与报告中的标注保持一致，对于任何在报告中引用的部分都应该标注出来。

示例如下：

朱筱敏.沉积岩石学[M].4版.北京：石油工业出版社，2008.

许汉奎.湖南上泥盆统云南贝－小云南贝腕足动物群[J].地层学杂志，1979(2)：123-126.

刘光模，简厚明.锡矿山锑矿田地质特征[J].矿床地质，1983(3)：43-50.

中华人民共和国自然资源部.固体矿产勘查地质填图规范：DZ/T 0382—2021[S].2021.

附录、附图、附表

包括一系列地质测量数据表(如节理测量结果表)、样品分析结果表、统计信息、样品地点和实习成果图件(如地质地形图、实测地层剖面图、构造纲要图等)，都是一些不方便在正文中体现的内容。附图在实习报告附录中要求列出顺序号、图号、图名和比例尺。

第六章

地层与地史专题实习——地层的划分与对比

第一节 内容与要求

一、目的

通过地层剖面现场教学,初步掌握地层划分与对比的室内外工作方法。

二、工作方法

地层划分与对比的室内外工作方法大体包括收集和分析前人资料、野外踏勘、实测剖面、室内整理研究和撰写报告或论文等几个阶段。

(一)收集和分析前人资料

在确定对某一地区进行地层课题研究之后,首先需要收集和分析有关该课题的前人研究资料,了解研究现状及存在的问题,以便制订自己的工作方案。前人资料主要见于 1:20 万(部分地区 1:5 万)的区域地质调查报告,各省区的区域地层表和地层断代总结,有关的地质调查(或勘探)报告、论文和专著中。资料的收集力求全面,特别要注意收集那些较新的、研究程度较高的资料。对所收集的资料还要进行分析研究,找出存在的问题以便确定在自己的研究工作中采取哪些手段和方法来解决。

(二)野外踏勘

在收集和分析前人资料的基础上,筛选出若干个对解决问题有利和有望的剖面或地段,然后对这些剖面或地段逐个进行野外实地考察,从中选出最佳的剖面进行实测。这是一项承前启后的重要工作。选择剖面的原则是力求岩层完整、构造简单、露头完好和化石丰富。

(三)实测剖面

剖面线的布置应尽可能地垂直于岩层走向,在遇到地形地物阻碍时,可沿标志层平移。

实测剖面时必须记下导线方位、地形坡度角、导线长度及地层产状等数据,以便计算出地层的真厚度;应该注意观察地层的沉积特征和接触关系并进行详细分层,分层点在露头上依次编好标记;应该耐心仔细地逐层采集化石和岩石标本(化石的采集间距视具体要求而定,岩石标本的采集间距随岩性变化而定),化石的采集要求全面,要能反映出整个生物组合的面貌。化石和岩石标本要按顺序分别统一进行编号,不能弄错或颠倒,否则将导致错误的结论。

上述各项内容要详细记录并配以信手剖面图,必要时还需配以素描图和照片。实测资料要当天进行整理,发现问题应及时查明原因,必要时返工重测。实测剖面的方法、流程和数据处理请参见本教程第三章。

(四)室内整理研究

对所取得的第一手资料转入室内整理和研究,这项工作包括:地层厚度的计算;标本或样品的加工(磨制光、薄片,送样分析等);标本的鉴定和研究;必要图件的绘制和照相图版的制作;对所得资料进行综合分析和研究,为编写报告或论文准备丰富而准确的素材。

(五)撰写报告或论文

报告或论文是实测地层剖面的最终成果,应该满足资料完整、符合规范、结论正确、文字精练和图文并茂的要求。

三、内容

(1)分别测制独立小屋、烈士塔、欧家冲和十八毛湾的上泥盆统及下石炭统岩关阶剖面。

(2)根据岩性和化石特征对上述剖面进行划分(要求划分到组、段),并绘制成柱状剖面图。

(3)绘制锡矿山地区与湘中涟邵地区上泥盆统-下石炭统岩关阶柱状对比图。

四、要求

(1)提交锡矿山地区地层划分与对比的文字报告一份。

(2)提交锡矿山地区与湘中涟邵地区上泥盆统—下石炭统岩关阶柱状对比图一份。

(3)提交下石炭统岩关阶观察路线平面图一份。

五、预习内容

(1)古生物地史学教材中晚泥盆世及早石炭世地层和古生物部分。

(2)锡矿山地区重要化石简介。

(3)《湖南冷水江锡矿山地质填图实习教程》中有关实测剖面章节。

第二节　湘中涟邵地区上泥盆统—下石炭统岩关阶地层剖面资料

岩关阶(C_1y)自下而上分为邵东组、孟公坳组和刘家塘组。

刘家塘组(C_1l)（未至顶）

33. 浅灰色中厚层状生物碎屑泥质灰岩。产腕足类：*Plicatifera* sp.（轮皱贝），*Chonetes ornatus* Schumard（华丽戟贝），*Finospirifer* sp.（鳍石燕），*Schuchertella* sp.（舒克贝）。厚0.8 m。

32—28. 灰、灰黑色中厚层状灰岩、泥质灰岩夹钙质页岩。产珊瑚：*Pseudouralinia* sp.（假乌拉珊瑚）。腕足类：*Plicatifera* sp.（轮皱贝），*Finospirifer* sp.（鳍石燕），*Cleiothyridina* cf. *media* Hou（锁窗贝中间相似种），*Martiniella elonggata* Chu（直长小马丁贝），*Neospirifer* sp.（新石燕），*Ptychomaletoechia* sp.（褶房贝），*Hunanoproductus hunanensis* Hou（湖南长身贝）。厚41.3 m。

27—25. 灰、灰黑、黄灰色钙质砂岩、砂质泥灰岩透镜体。产腕足类：*Ptychomaletoechia* sp.（褶房贝），*P.* cf. *panderi* Sem. Et Moel（褶房贝潘氏相似种），*Chonetes* sp.（戟贝），*Hunanoproductus* sp.（湖南长身贝），*H.* cf. *hunanensis* Hou（湖南长身贝、湖南相似种），*Eochoristites* sp.（始唱贝），*Martiniella* sp.（小马丁贝）。厚27.2 m。

孟公坳组(C_1m)

24. 灰、灰黑色厚层状微至细晶灰岩。产珊瑚：*Cystophrentis* sp.（泡沫内沟珊瑚），*Caninia* sp.（犬齿珊瑚）。腕足类：*Martiniella* sp.（小马丁贝），*Finospirifer* sp.（鳍石燕），*Schuchertella* sp.（舒克贝）。厚8.1 m。

23. 黄色钙质页岩夹薄层状灰岩。产腕足类：*Eudoxina* cf. *submedia* Hou，*Finospirifer* sp.（鳍石燕）。厚8.2 m。

22. 浅灰、灰色中厚层状泥质灰岩。产腕足类化石。厚5.8 m。

21. 棕黄色钙质页岩夹灰岩透镜体。产腕足类：*Chonetes* cf. *ornatus* Schumard（戟贝华丽相似种）。厚4.6 m。

20—19. 灰、灰黑色中厚至厚层状灰岩夹薄层状灰岩。产珊瑚：*Cystophrentis* sp.（泡沫内沟珊瑚），*Syringopora* sp.（笛管珊瑚）。产腕足类。厚31.1 m。

18—16. 浅灰、灰黑、黄色泥灰岩、页岩夹隐晶质灰岩。产腕足类：*Leptaenella* sp.（小薄扭贝），*Chonetes* sp.（戟贝）。厚8.5 m。

15. 黄灰色薄层状钙质细砂岩、粉砂岩夹泥灰岩。厚12.2 m。

14. 浅灰色中至中厚层状细晶灰岩，夹少量钙质页岩。产珊瑚：*Syringopora* sp.（笛管珊瑚），*Chia gtsemi* Lin（曾氏计氏珊瑚）。厚38 m。

13. 浅灰、棕黄色钙质粉砂岩、灰黑色页岩，下部为中厚层状石英砂岩。产腕足类：*Leptaenella* sp.（小薄扭贝），*Chonetes* cf. *ornatus* Schumard（戟贝华丽相似种）。厚5 m。

12. 无烟煤层。厚 0.5 m。

11—10. 灰白、浅黄色中厚层状泥质砂岩、粉砂岩，夹一层厚 0.2～0.4 m 的无烟煤层。产腕足类：*Eochoristites* sp.（始唱贝），*Chonetes* cf. *ornatus* Schumard.（戟贝华丽相似种）。厚 20.5 m。

9. 薄层状石英砂岩与页岩互层。产腕足类：*Hunanoproductus* sp.（湖南长身贝），*Ptychomaletoechia* cf. *kinlingensis* Grabau（褶房贝金陵相似种），*Chonetes* cf. *ornatus* Schumard.（戟贝华丽相似种），*Athyris* sp.（无窗贝）。厚 29.3 m。

8. 灰、浅灰色中厚层状泥质灰岩、泥质岩夹页岩。产珊瑚：*Cystophrentis tieni* Yu（田氏泡沫内沟珊瑚）。产腕足类：*Eudoxina* sp.，*Chonetes* sp.（戟贝）。厚 59 m。

7. 灰黑、深灰色页岩夹泥质粉砂岩。产腕足类：*Tenticospirifer* sp.（帐幕石燕），*Athyris* sp.（无窗贝），*Plicatifera* sp.（轮皱贝）。厚 12.2 m。

6. 灰、浅灰色薄层状石英细砂岩。厚 3.1 m。

5. 灰黑、深灰色页岩夹薄层状石英细粉砂岩。厚 5.8 m。

4. 灰白、棕黄色薄层状石英砂岩夹粉砂岩。产腕足类：*Cyrtospirifer* sp.（弓石燕）。厚 10.8 m。

3. 灰、浅黄色钙质页岩夹泥灰岩、泥质灰岩。泥灰岩中产腕足类：*Tenticospirifer* sp.（帐幕石燕），*Ptychomaletoechia* sp.（褶房贝），*Cyrtospirifer liugiatangensis* Hou（刘家塘弓石燕），*Chonetes ornatus* Schumard（华丽戟贝）。厚 16 m。

2. 浅黄、棕黄色薄层状泥质砂岩、粉砂岩。厚 25.4 m。

1. 浅灰、灰白色薄至中厚层状石英细粉砂、粉砂岩夹砂质页岩。产腕足类：*Schuchertella gelaohoensis* Yang（革老河舒克贝），*Productus* cf. *blaini* Milles，*Ptychomaletoechia* sp.（褶房贝），*Chonetes* sp.（戟贝）。

——整合——

锡矿山组上段（总厚 78.1 m）

27. 暗灰色中厚层状白云质石英粉砂岩与黄灰色中厚层状石英粉砂岩互层，顶部夹黄灰色薄片状页岩。产植物化石 *Lepidodendropsis* sp.，*Lepidostrobus* sp.。厚 30.5 m。

26. 浅灰、黄灰色中厚层状白云质石英粉砂岩，局部具有微层理，风化面呈黑褐色。厚 5 m。

25. 灰黑色粉砂质页岩，夹灰黑色硅质页岩。产植物化石及胴甲鱼类化石 *Antiarchi* 碎片。厚 9.2 m。

24. 黄灰色中厚层状泥质粉砂岩，风化面为黄褐色。厚 3.5 m。

23. 灰黑色薄层状含粉砂质泥灰岩，层间夹灰黑色薄层硅质岩，风化面呈黄褐色、黑褐色。厚 6.1 m。

22. 黄褐色薄至中厚层状泥灰岩。厚 1.5 m。

21. 灰黑色粉砂质页岩，夹深灰色薄片状细粒灰岩，粉砂质页岩中含植物化石碎片。厚 6.1 m。

20. 黄灰色粉砂质页岩，风化面呈褐黄及灰褐色，微含磷。厚 1.5 m。

19. 褐黄色薄层粉砂质白云质泥灰岩，上部夹一层灰黑色薄层硅质岩。厚 9.3 m。

18. 暗灰色薄层状含粉砂质泥灰岩，夹黄灰色透镜状泥质灰岩，风化面为黄灰、黄褐色，产瓣鳃类 *Paracyclas*? sp. 。厚 9.3 m。

——整合——

锡矿山组下段(总厚 518.2 m)

17. 灰黑色厚层状隐晶质灰岩，层间夹黄色瘤状泥质灰岩。富含腕足类：*Yunnanella* sp. ，*Tenticospirifer* cf. *murchisonianus*(Kon.)。厚 42.5 m。

16. 黄灰色薄层状生物碎屑含泥质灰岩，层间夹薄层泥灰岩。富含腕足类：*Yunnanella* cf. *hunaensis* Tien，*Y.* sp. ，*Tenticospirifer* sp. ，*Schuchertella* sp. 。厚 2.4 m。

15. 灰黑色厚层状隐晶质灰岩，夹灰黑色中厚层透镜状含泥质灰岩。产腕足类：*Yunnanalla* sp. ，*Tenticospirifer* sp. 。厚 28.9 m。

14. 黄灰色薄至中厚层状含泥质灰岩，中部夹一层黄褐色薄至中厚层状粉砂岩。产腕足类：*Tenticospirifer* sp. 。厚 24.3 m。

13. 灰黑色中厚层状隐晶质灰岩，夹黄灰色中厚层瘤状泥质灰岩。产腕足类化石：*Yunnanalla hunanensis* Tien，*Tenticospirifer* sp. ，*Schuchertella* sp. ，*Athyris* sp. ，*Productella* sp. 。厚 26.4 m。

12. 黄灰色中厚层状隐晶质微粒泥质灰岩夹薄层瘤状泥质灰岩。风化面为黄褐、灰黄色。富含腕足类及瓣鳃类化石。中部夹黄褐色薄至中层厚钙质粉砂岩。产腕足类化石：*Yunnanella abrupta* Gr. ，*Y. Hunanensis* Tien，*Y. Abrupta* var. *Schnurioides* Tien，*Y. Grandis* Gr. ，*Xinshaoella huagiaoensis* Zhao，*Tenticospirifer triplosonosus* (Gr.)，*T.* cf. *vilis* Gr. ，*T. vilis* var. *Kwangsiensis* Tien，*T.* sp. ，*Productella* sp. ，*Athyris* sp. ，*Schuchertella* cf. *hunanensis* Tien，*Productella* sp. ，*Athyris* sp. ，*Schuchertella* cf. *hunanensis* Wang 及 *Eoschizodus truncatus* (Goldfuss)，*E.* sp. ，*Myalinidea* 等瓣鳃类化石。厚 81.1 m。

11. 深灰色厚层状微粒含生物碎屑灰岩，中夹泥质灰岩。富含腕足类化石：*Yunnanella abrupta* Gr. ，*Y.* cf. *hunanensis* Tien，*Y. Sp.* ，*Tenticospirifer tenticulum*(Verneuil)，*T. vilis* Gr. ，*T.* sp. 。厚 26.6 m。

10. 黄灰色薄至中厚层状微粒泥质灰岩，以具有结核状及瘤状构造为特征。本层富含腕足类：*Yunnanella abrupta* Gr. ，*Y. Hunanensis* Tien，*Y. grandis* Gr. ，*Y. abruupta* var. *schnurioides* Tien，*Tenticospirifer triplisinosus* (Gr.)，*T. tenticulum* (Verneuil)，*T. vilis* (Gr.)，*T. vilis* var. *kwangsiensis* Tien，*T.* cf. *Hayasakai* (Gr.)，*T. gortani* (Pellizzari)，*Xinshaoella huaqiaoensis* Zhao. 。厚 30 m。

9. 深灰色巨厚层状白云质灰岩，缝合线构造发育，岩层中普遍含燧石结核及条带，风化面具有灰黑色白云质癫痫条带。产腕足类：*Yunanella abrupta* Gr. ，*Tenticospirifer vilis* var. *kwangsiensis* Tien，*T.* sp. ，*Ptychomaletoechia* sp. 及层孔虫 *Actinostroma* sp. 。厚 53.1 m。

8. 灰色厚至巨厚层状灰岩。产腕足类：*Tenticospirifer* sp. ，*Athyris* sp. 。厚 50.8 m。

7. 浅灰色厚至巨厚层状微粒灰岩。产腕足类：*Tenticospirifer* sp. ，*Athyris* sp. 。厚 6.4 m。

6. 深灰色厚至巨厚层状含白云质灰岩，缝合线构造发育。产腕足类：*Yunnanella* cf. *hunanensis* Tien，*Tenticospirifer* sp. 。厚 7.6 m。

5. 深灰、紫灰色厚至巨厚层状含白云质灰岩，缝合线构造发育。产腕足类：*Tenticospirifer*

sp. 及介形虫。厚 26.7 m。

4. 深灰色巨厚层状灰岩，缝合线构造发育。局部见白云质癞痢状条带。产腕足类：*Yunnanella* sp.，*Tenticospirifer* sp.，*T. Vilis*（Gr.），*Chonetes* sp.，*Productella* sp.。厚 62.4 m。

3. 深灰色厚至巨厚层状微粒灰岩，缝合线构造发育，产腕足类化石。厚 3.7 m。

2. 深灰色巨厚层状细粒含白云质灰岩，底部夹一层黄灰色薄层泥灰岩，其中富含腕足类化石。本层风化面普遍具有白云质癞痢状条带。产腕足类：*Yunnanella hunannensis* Tien，*Cyrtospirifer* cf. *Anossofivides*（Gr.），*Tenticospirifer* sp. 及介形虫。厚 35.3 m。

1. 黄灰色薄至中厚层透镜状泥灰岩，风化后为黄褐色。层面上富含腕足类化石：*Yunnanella abrupta* Gr.，*Y. Hunaensis* Tien，*Yunanellina hanburyi*（Davidson），*Tenticospirifer* cf. *Tenticulum*（Verneuil），*Yrtospirifer* sp.。厚 10.0 m。

————整合————

佘田桥组上段 (总厚 309.7 m)

7. 灰色薄层状泥灰岩夹钙质页岩和生物碎屑灰岩。风化后泥灰岩呈页岩状。产腕足类：*Ptychomaletoechia* sp.（褶房贝），*Cyrtospirifer* sp.（弓石燕）。厚 77.3 m。

6. 深灰色厚层状灰岩。顶部有一层 0.5 m 厚的泥质灰岩。产珊瑚：*Pseudo zaphrentis* sp.（假内沟珊瑚），*Sinodisphyllum* sp.（中华分珊瑚）。腕足类：*Atrypa* sp.（无洞贝），*Hypothyridina* sp.（隐孔贝）。厚 2.5 m。

5. 灰白、浅灰色厚层状至块状灰岩。产珊瑚：*Sinodisphyllum* sp.（中华分珊瑚）。厚 24.4 m。

4. 灰黑色厚层状至块状灰岩。产珊瑚：*Alaiphyllum* sp.。厚 22.8 m。

3. 浅灰、灰白色块状隐晶质灰岩。产珊瑚：*Billingsastraea* sp.（别灵星珊瑚），*Temnophyllum* sp.（切珊瑚）。厚 92 m。

2. 灰、深灰色块状隐晶质灰岩，层理不清，含少量燧石团块。产珊瑚：*Alaiphyllum* sp.，*Temnophyllum* sp.（切珊瑚）。厚 77.5 m。

1. 深灰色厚层状隐晶质灰岩，含泥砂质及少量燧石团块。产珊瑚：*Hexagonaria* sp.（六方珊瑚），*Thamnopora* sp.（通孔珊瑚）和 *Billingsastraea* sp.（别灵星珊瑚）。厚 13.2 m。

————整合————

佘田桥组下段 (总厚 649.4 m)

8. 灰黑色砂质页岩。产腕足类化石：*Chonetes* sp.（戟贝），*Schizophoria* sp.（裂线贝）。厚 39.8 m。

7. 黄色薄至中厚层状白云母石英粉砂岩夹白云母砂质页岩。厚 48.9 m。

6. 灰黑色钙质页岩。产小型腕足类化石。厚 90.7 m。

5. 灰黑色白云母含粉砂质页岩，含钙锰质结核。产腕足类：*Atrypa* cf. *bodiniMansuy*（无洞贝包丁相似种），*Cyrtospirifer* sp.（弓石燕），*Schizophoria* sp.（裂线贝），*Pugnax* sp.（狮鼻贝），*Ambocoelia* sp.（双腔贝），*Buchiola* sp.（布氏蛤）。厚 118.4 m。

4. 黄色厚层状白云母砂岩，含铁锰质及小砾石。厚 5 m。

3. 灰黑色含粉砂质页岩。厚 116.3 m。

2. 灰黑色页岩。中部产瓣鳃状类 *Buchiola* sp.（布氏蛤）。厚 171.3 m。

1. 灰黑色页岩与粉砂质泥岩互层。厚 59 m。

——整合——

下伏地层：棋梓桥组上段的中厚层状泥灰岩夹薄层状灰岩和灰岩透镜体。产腕足类：*Atrypa* cf. *desquamata* Sowerby（无洞贝剥鳞相似种），*Ambocoelia* cf. *sinensis* Tien（双腔贝中华相似种）等。

第七章

构造专题实习

地质构造是地质调查工作的主要对象，也是本次地质填图实习的中心内容之一。锡矿山矿田构造十分发育，类型繁多、齐全，现象典型，出露良好，是构造地质实习的理想场所。本次实习中，要求应用已学的理论知识，认识并掌握实习区的各种构造，学习构造分析的研究方法。

第一节　小型构造

一、褶皱构造

(一) 小型褶皱观测

（1）观测点：

炸药库西约300 m路南陡崖，主要观测三个小褶皱。

（2）观测内容：

露头Ⅰ：

①岩石性质。

②各褶皱岩层的厚度及变化特点。

③各褶皱层的曲率及变化情况。

④确定褶皱类型。

⑤观察褶皱伴生构造——节理。

⑥分析褶皱的形成机制。

⑦推断褶皱深度。

⑧总结等厚褶皱、平行褶皱、圆弧褶皱等的特征。

露头Ⅱ、Ⅲ：

①岩石性质。

②观察不同岩性层的褶皱特征。生物碎屑灰岩显强硬层特性，含泥质灰岩显软弱层特

性，它们的褶皱特征完全不同（从岩层厚度变化、褶皱形态及伴生构造等方面比较）。

③确定褶皱类型：本露头褶皱类型繁多，如等厚平行褶皱、顶厚褶皱、尖棱褶皱和柔流褶皱等。

④观察节理、劈理等伴生构造并分析其成因。

⑤褶皱形成机制分析。

⑥观察小型逆断层及其变为顺层断层的现象。

（3）测量褶皱面、轴面、伴生节理、劈理等的产状。

（4）素描、照相。

（5）观察分析小型褶皱与大型构造的空间几何关系和成因联系。

（二）褶皱几何分析

对仙人界向斜、穿风岭背斜、老江冲（又称物华）背斜等褶皱的褶皱面（层面）进行系统的产状测量观察，再作出赤平投影图解，最后定量地求出褶皱枢纽、轴面等要素的产状，并分析褶皱的几何形态。

岩层产状测量时可选择一条露头较连续的横剖面，按一定间距（10 m或20 m、30 m均可）进行系统的测量，每个剖面最好测30个以上的数据。此外，也可在同一褶皱布置几个剖面，以分段解析褶皱的几何特征，最后综合分析褶皱的几何特征。

二、断层构造

（一）断层现象观测

锡矿山矿田的断层构造十分发育，数量众多，但不同断层的断层面等标志并非都很清晰，因此对出露好、标志明显的断层点应重点观测。

观测点Ⅰ：位于七里江北公路大拐弯路北侧。该点为F_3断层露头，可以看到断层面、擦痕、挤压破碎带、伴生节理、劈理等断层现象，要求认识这些现象，解释这些断层伴生现象的成因及其与断层的关系，测量各种构造的产状，要求作素描图。

观测点Ⅱ：位于七里江东约300 m的山坡上，为一人工剥露面。该点为一斜向小断层，锡矿山组泥塘里段中的"宁乡式"赤铁矿层被明显错开，可以观察到断层面、擦痕、生长阶步、破碎带、岩层产状变化剧烈，以及强烈的伴生小褶皱及节理等断层现象，要求认识这些现象，解释其成因，说明断层现象与断层的关系。测量断层面和岩层的产状要素，作素描图。

（二）断层几何分析

（1）主要是分析断层运动方向、断层产状及断层性质，观测断层运动的直接标志——擦痕、阶步、生长线理等，存在多组断层时要判别其先后次序，分别测量出侧伏角。

（2）利用伴生构造如节理、劈理和牵引小褶皱等，用赤平投影法求出断层的运动线产状。

（3）确定断层产状与性质。

（三）断距测量

（1）在地质图上利用横（斜）断层两盘同一标志面和断层滑痕产状，通过赤平投影法求断层的真断距。

（2）在地质图上利用横（斜）断层两盘两个不同产状的标志面，通过赤平投影法求断层的真断距。

（3）利用断层两盘地层的新老关系估算纵断层的地层断距。

（4）断层组合关系观察：在实习区可以看到地堑式组合、阶梯状组合等断层组合关系，作出组合剖面图。

三、膝折构造

观测点Ⅰ：膝折构造位于636.4高地西南坡陡崖处（图7-1）。

图7-1　636.4高地西南坡陡崖处的膝折构造

观测内容：

（1）岩石性质。

（2）褶皱形态及其变化。

（3）测量长短翼的产状、长度、膝折带宽度、膝折面（褶皱轴面）的产状等数据。

（4）膝折层与断层的关系。

（5）膝折层的横向变化、分布范围。

（6）判断膝折的旋向，分析其形成机制和成因。

（7）作素描图和拍照。

四、劈理构造

观测点Ⅰ：位于黄家洞水库至康家冲公路边。

观测内容：该点出露下石炭统刘家塘组薄至中厚层灰岩与紫色页岩，劈理发育于紫色页岩中。主要观测下列内容：

（1）岩石性质。

（2）观察劈理面和微劈石的特征，如劈理面的连续性、平整程度，矿物成分及其排列的定向性，以及线理发育情况等等，对微劈石要观察其成分、测厚度(或劈理密度)等。

(3)测量劈理面的产状，注意该点劈理产状是变化的，呈"S"形。

(4)测量岩层产状。

(5)确定劈理类型。

(6)分析劈理与其他构造的关系。

(7)作素描图。

观测点Ⅱ：位于炸药库西约300 m路南陡崖上(同小褶皱观测点)。

观测内容：该点泥质灰岩中发育一系列密集而近于平行的剪切破裂面，风化成平行密集的溶沟。主要观测下列内容：

(1)岩石性质。

(2)劈理特征：物质成分及其结构，劈理的连续性、平整程度，劈理密度(或微劈石厚度)及其变化。

(3)测量劈理和层理的产状，注意产状的变化规律。

(4)确定劈理类型并探讨成因。

(5)分析劈理与褶皱等大构造的关系。

(6)作素描图和拍照。

五、石香肠构造与构造透镜体

锡矿山填图区的石香肠构造和构造透镜体十分常见，主要发育于薄层灰岩与泥灰岩互层的岩系中，在老江冲简易公路(图7-2)、康家冲公路边等地有连续露头。观测内容主要有：

扫一扫，看彩图

图7-2　老江冲简易公路陶塘段地层中发育的石香肠构造

（1）岩石性质及组合。

（2）石香肠的形态。

（3）石香肠体周缘塑性岩石的揉褶、定向等塑性变形标志。

（4）测量岩层及石香肠体的产状。

（5）分析形成机制及其与褶皱构造的关系。

（6）作素描图和拍照。

六、强烈挤压变形带

观测点Ⅰ：位于七里江西至康家冲的简易公路边 F_3 与 F_{75} 两大断层的交汇处，在地貌上形成一孤立山脊。

观测内容：从七里江西望可见岩层剧烈变形形成的复杂褶皱，在康家冲简易公路边可见强烈挤压变形现象。主要观测下列内容：

（1）岩石性质。

（2）褶皱特征。

（3）劈理。

（4）叠加褶皱、无根褶皱及褶皱构造的恢复。

（5）石香肠构造、构造透镜体。

（6）分析层理与劈理的关系，认识构造置换现象。

（7）分析该强烈挤压变形带的形成原因及研究意义。

（8）测量各构造要素的产状。

（9）作素描图和拍照。

七、节理与节理测量

锡矿山地区张节理和剪节理构造十分发育（图7-3）。剪节理主要发育在背斜核部的佘田桥组七里江段硅化灰岩和锡矿山组泥塘里段铁质砂岩中，在煌斑岩脉中也发育有多组剪节理，将岩石切成块状。张节理主要发育在锡矿山组兔子塘段和马牯脑段厚至巨厚层灰岩中，多被后期的方解石脉所充填。在断层通过处旁侧的锡矿山组中厚层灰岩中张节理也异常发育，构造强化明显，多被粗晶方解石充填。观测内容主要如下。

(一) 雁列构造

观测点Ⅰ：位于电视塔小路坡脚北侧，为一单列雁列节理。

观测点Ⅱ：位于电视塔小路坡脚南20 m，为多组多列雁列节理。

观测点Ⅲ：位于观测点Ⅱ西南面约50 m，水塘边的大路东侧，为一大转石，见同一单列发育的三组雁列节理。

观测内容：

（1）地层与岩性。

（2）雁列构造的组成与雁列节理带、节理组的划分。

（3）单个节理带观测：带的组成、长度、宽度、带轴方向及露头面产状，单脉（节理）间距。

（a）（b）分别为发育在锡矿山组马牯脑段厚层状灰岩中的雁列张节理和张节理，为方解石脉体所充填；
（c）为发育在佘田桥组七里江段硅化岩中的剪节理；（d）为剪节理面的擦痕。

图 7-3　锡矿山填图区发育的各类节理构造

（4）单脉（节理）观测：单脉形态，充填物成分结构及其变化特征、末端特征，单脉长度、宽度、单脉产状或脉体与带轴夹角（若为"S"形则分段测量）。

（5）单个节理的力学性质观测。

（6）雁列构造分析：剪切方向、形成过程（递变变形分析）、各组节理的相互关系、单列多组的生成顺序、各列节理的相互关系及应力应变场恢复。

（7）作素描图和拍照。

(二) 节理测量

测量点Ⅰ：独立小屋老江冲背斜核部佘田桥组七里江段硅化灰岩。

测量点Ⅱ：仙人界东坡乱掘南锡矿山组泥塘里段铁质砂岩。

测量要求：

（1）测量节理的产状、间距、延伸长度和缝宽，看是否有充填物，并将测量结果记录在野外记录本上。

（2）每个测量点测量面积约 2 m²。

（3）每个测量点至少要测 100 条节理。

（4）测量时避免主观性及选择性，应测出测量面上的全部节理，同时应该在三度空间范围内测量。

（5）查清测量点的构造位置，测量岩层产状。

测量数据的整理：

（1）利用节理数据处理软件完成各测量点的节理等密图。

（2）利用节理数据处理软件完成独立小屋硅化灰岩中节理的点的走向玫瑰花图和倾向玫瑰花图。

测量成果分析：

（1）划分出节理组，读出各组节理的产状及相对的发育程度。

（2）结合节理性质及测量点的构造位置对各组节理进行分析。划分出：褶皱前的平面 X 节理，褶皱过程形成的旋转节理、环形节理、断层伴生节理、性质不明节理等。对各种节理进行应力应变分析。

八、其他构造的观测

锡矿山矿田构造类型繁多，一些构造类型可能尚未被发现，或未找到典型露头点，还待进一步发掘。除已知上述各构造观测点外，还有下列构造值得观测研究：

原生构造：

（1）斜层理：发育于锡矿山组兔子塘段、泥塘里段和马牯脑段地层中。

（2）瘤状灰岩和棒状灰岩的观测研究。

窗棂构造：

本地区尚未发现典型露头，但在一些砂岩和页岩互层的地层中，如在十八磨弯一带可能观察到。

压力影构造：

填图区锡矿山组马牯脑段上部的厚层状灰岩中常见有黄铁矿结核，有时可见发育良好的压力影构造。

第二节　矿田构造

锡矿山矿田构造属于非直观标准能判识的较大型构造，需要通过构造路线剖面观测及地质图的综合分析才能识别。

一、构造路线剖面观测

观测路线：一共有三条。

（1）常子岩—飞水镇北口。

（2）七星加油站—老江冲。

（3）宝顺岭北坡—槐花岭。

观测内容：

（1）地层。要特别注意地层的重复与缺失，要发挥标志层的识别作用。

（2）系统测量岩层产状。

(3)断层的识别与观察。

(4)褶皱的识别。

(5)作信手剖面图和素描图。

(6)综合分析各路线的构造组合关系。

二、地质图的综合分析

作1∶5000锡矿山填图区的构造纲要图。

结合野外构造路线观测资料，并参考《湖南冷水江锡矿山地质填图实习教程》中的构造部分，分析全区构造特征：

(一)褶皱分析

(1)褶皱类型并命名，褶皱要素、规模、形态类型，褶皱与断层等其他构造的关系。

(2)褶皱的组合关系，褶皱分级及各级褶皱的关系，褶皱的空间展布特点。

(二)断层分析

(1)断层分组，各组断层的规模、发育情况，断层产状、性质，各组代表性的单个断层特点。

(2)断层的组合关系及断层与褶皱构造的关系。

(3)区域应力、应力场分析，构造发展史分析。

思考题：

(1)判断断层存在的依据一般有哪些？

(2)为什么在锡矿山矿田剪节理主要发育在硅化岩、砂岩和煌斑岩中，而在其他类型岩石中比较少见？

(3)如何更好地发挥标志层在识别断层存在和判断断层性质上的作用？

(4)为什么在仙人界挤压性质的褶皱构造和拉伸性质的地堑构造能同时存在？

(5)在锡矿山矿田4个矿床均受短轴背斜控制，简述短轴背斜的一般特点。

(6)在老江冲的锡矿山组陶塘段地层中层内褶曲十分发育，其形成机制与地层岩性有什么关系？

(7)如何判断断层活动的多期性？

(8)膝折构造的形成条件有哪些？

(9)石香肠构造形成的应力和岩性组合条件有什么特点？其在锡矿山实习区锡矿山组的哪一个段的地层中较发育？

(10)测量正断层断距的一般方法有哪些？

第八章

沉积岩基础知识

第一节 概述

沉积岩是组成地球岩石圈的三大类岩石(沉积岩、岩浆岩、变质岩)之一,它是在地壳表层的条件下,经母岩的风化产物、火山物质、有机物质等沉积岩的原始物质成分,经搬运作用、沉积作用以及沉积后作用而形成的一类岩石。

沉积岩中已知的矿物达160种以上,但是组成岩石的99%以上的矿物只有20种,而在一种岩石中常见的主要造岩矿物不过1~3种,通常不超过6种,沉积岩的平均矿物成分:石英31.5%,玉髓9%,云母+绿泥石19.0%,长石7.5%,高岭石及其他黏土矿物7.5%,碳酸盐20.5%,氧化铁矿物3%,其他3%。沉积岩的平均化学成分(按氧化物)主要为 SiO_2 59.17%,Al_2O_3 14.47%,CaO 9.9%,Fe_2O_3 6.32%,K_2O 2.77%,MgO 1.85%,Na_2O 1.76%。沉积岩的结构类型及其特点取决于岩石的形成作用。由母岩机械破碎作用产物所形成的岩石具有"碎屑结构";由机械悬浮沉积作用或者胶体凝聚作用所形成的岩石具有"泥状结构";由化学或生物化学沉积作用形成的岩石则为晶粒结构;由生物遗体或生物碎屑组成的岩石则具有"生物结构";由火山喷发作用形成的碎屑再经沉积作用所组成的岩石则有"火山碎屑结构"。沉积岩在地表条件下形成,常具有各种各样的成层构造和层面构造。常见的层理构造有水平层理、平行层理、交错层理等,层面构造有波痕、干裂、象形印模等,其他构造有缝合线构造、叠层构造、虫迹构造等。

沉积岩按物质来源,可分为陆源沉积岩、火山物源沉积岩和内源沉积岩三大类。根据本次填图实习的要求,这里简单地介绍陆源沉积岩和内源沉积岩中的碎屑岩、石灰岩和白云岩的主要特征。

第二节 碎屑岩的成分

碎屑岩是由碎屑成分(包括杂基和胶结物)组成,其中碎屑成分占 50% 以上。碎屑岩的性质是由碎屑组分的性质决定的。碎屑岩的碎屑组分包括各种陆源矿物碎屑和岩石碎屑,后者是以矿物集合体的形式出现,其成分反映母岩的岩石类型。

一、矿物碎屑

在碎屑岩中目前已发现的矿物碎屑有 160 多种,其中常见的约 20 种,但在一种碎屑岩中,主要的矿物碎屑通常不超过 5 种。

矿物碎屑按相对密度可分为轻矿物和重矿物两类。前者相对密度小于 2.86,主要为石英和长石;后者相对密度大于 2.86,主要为岩浆岩的副矿物(如榍石、锆石)、部分铁镁矿物(如辉石、角闪石),以及变质岩中的变质矿物(如石榴石、红柱石)。此外,重矿物还包括沉积和成岩过程中的自生矿物(如黄铁矿、重晶石)。

(一)石英

石英抗风化能力很强,既抗磨又难分解,搬运 1000 km 仅磨损其体积的 1%,同时在大部分岩浆岩和变质岩中石英含量又高,因此石英是碎屑岩中分布最广的一种矿物碎屑。它主要出现在砂岩及粉砂岩中(平均含量达 66.8%),在砾岩中含量较少,在黏土岩中则更少。

(二)长石

在碎屑岩中,长石的含量一般少于石英。据统计,砂岩中长石的平均含量为 10% ~ 15%,远比石英含量少,而在岩浆岩中长石的平均含量则为石英的几倍。这种截然相反的变化,是由于长石的风化稳定性远比石英弱。

地壳运动比较剧烈,地形高差大、气候干燥、物理风化为主、搬运距离近以及堆积迅速等条件,是长石大量出现的有利因素。

长石主要来源于花岗岩和花岗片麻岩。一般认为,在碎屑岩中钾长石多于斜长石,在钾长石中正长石略多于微斜长石,在斜长石中钠长石远远超过钙长石。造成长石相对丰度的这种差别,一方面与母岩成分有关,地表普遍存在的酸性岩浆岩为钾长石、钠长石的大量出现创造了先决条件;另一方面,又与不同长石在地表环境的相对稳定度有关,各种长石稳定度的顺序是钾长石>钠长石>钙长石。

长石主要分布在极粗、中粗砂岩中,在砾岩和粉砂岩中长石矿物碎屑含量较少。

(三)云母

云母以白云母居多。白云母抵抗化学风化能力强,但易破碎成碎片,故常集中分布在细砂和粉砂的层面上。黑云母易风化,常分解为绿泥石和磁铁矿。

（四）重矿物

在碎屑岩中重矿物含量很少，通常小于1%，其分布的粒度受重矿物的晶形大小、相对密度及硬度的控制，主要分布在中细粒碎屑岩中，在0.05~0.25 mm的粒级范围内，重矿物含量相对最高。

重矿物的种类很多，根据风化稳定性，可将重矿物分为稳定和不稳定两类（表8-1）。前者抗风化能力强，分布广泛，在远离母岩区的沉积岩中含量较多；后者抗风化能力弱，分布不广，离母岩越远其相对含量越少。

表8-1　最常见的稳定及不稳定重矿物

稳定的重矿物	不稳定的重矿物
石榴石、锆石、刚玉、电气石、锡石、金红石、白钛矿、板钛矿、磁铁矿、榍石、十字石、蓝晶石、独居石	重晶石、磷灰石、绿帘石、黝帘石、阳起石、符山石、红柱石、夕线石、黄铁矿、透闪石、普通角闪石、斜方辉石、橄榄石、黑云母

二、岩屑

岩屑是母岩岩石的碎块，是保持母岩结构的矿物集合体。因此，岩屑是确定沉积物来源区岩石类型的直接标志。但是由于各类岩石的成分、结构、风化稳定度等存在显著差异，所以在风化、搬运过程中，各类岩屑的含量变化极大。岩屑不是风化的最终产物，而是一种暂时性的产物，它的大量出现代表了一种特殊的地质条件。

分析资料表明，岩屑的含量取决于岩屑粒级、母岩成分及成熟度等因素。首先，岩屑的含量明显地取决于粒级，即岩屑的含量随碎屑粒级的增大而增加。砾岩中岩屑含量最多，砂岩中只存在有细粒结构和隐晶结构的岩屑，而粉砂岩中则几乎不存在岩屑。此外，各类岩屑的丰度还取决于母岩的性质。细粒或隐晶结构的岩石，如燧石岩、中酸性喷出岩等岩石的岩屑分布最广；而易受化学分解的石灰岩，除非在母岩区附近有快速堆积和埋藏的条件，否则很难形成岩屑。同时，岩屑的含量还是碎屑成熟度的函数，结构上成熟的砂或砂岩，其碎屑的圆度和分选都较好，岩屑含量一般较低。

三、成分成熟度

成分成熟度是指用碎屑岩中最稳定的组分的相对含量来标志其成分的成熟程度。在轻组分中，单晶非波状消光石英是最稳定的，它的相对含量是碎屑岩成熟程度的重要标志。在砂岩的研究中，常用石英加燧石与长石加其他岩屑的比率作为成分成熟度的衡量标志。在重矿物中，锆石、金红石和电气石是最稳定的，这三种矿物在透明重矿物中所占比例称"ZTR"指数，也是判定成分成熟度的标志，其值越大，表明成分成熟度越高。碎屑岩的成分成熟度反映了碎屑组分所经历的地质作用时间、距离和强度，它们在很大程度上受气候和大地构造条件的制约。在构造较为稳定的、气候较为湿润的沉积区，碎屑岩的成分成熟度一般是较高的。

第三节　填隙物的成分

在碎屑岩中,杂基和胶结物都可作为碎屑颗粒间的填隙物,但它们在性质、成因以及对岩石所起的作用等方面都有所不同。

一、杂基

杂基是碎屑岩中充填碎屑颗粒之间的、细小的机械成因组分,其粒级以泥为主,可包括一些细粉砂。最常见的杂基成分是高岭石、水云母、蒙皂石等黏土矿物,有时可见灰泥和云泥。各类细粉砂级碎屑,如绢云母、绿泥石、石英、长石及隐晶结构的岩石碎屑等,也属于杂基范围。

在不同的碎屑岩中,有的杂基含量很高,而有的则完全不含杂基。碎屑岩中保留大量杂基,表明沉积环境中分选作用不强,在快速堆积的、发育递变层理和块状层理的洪积及深水重力流成因的砂砾岩中,都混有大量杂基,这正是不成熟砂砾岩的特征。不能仅仅依据矿物成分识别杂基,结构是最重要的鉴别标志。

二、胶结物

胶结物是碎屑岩中以化学沉淀方式形成于粒间孔隙中的自生矿物。它们有的形成于沉积同生期,但大多数是成岩后生期的沉淀产物。碎屑岩中主要胶结物是硅质(石英、玉髓和蛋白石)、碳酸盐(方解石、白云石)及一部分铁质(赤铁矿、褐铁矿)。此外,硬石膏、石膏、黄铁矿,以及高岭石、水云母、蒙皂石、海绿石、绿泥石等自生黏土矿物都可以作为碎屑岩的胶结物。

(一)硅质胶结物

硅质常作为胶结物出现在砂岩里,其出现的形式是多种多样的。主要有非晶质的蛋白石、隐晶质的玉髓和结晶质的石英。蛋白石可以围绕砂粒沉淀,形成自生环边;也可以大量充填孔隙,从而胶结砂岩。在砂岩中,特别是古老的石英砂岩中,常见自生加大石英,硅质胶结物是在砂岩过饱和孔隙水中沉淀出来的,孔隙水中溶解的 SiO_2 可以有不同的来源。

(二)碳酸盐胶结物

方解石是砂岩中最常见的碳酸盐胶结物,它在砂岩中大量分布。在现代沉积物中经常可见与方解石为同质多象体的文石,但由于其性质不稳定,易逐渐转变为方解石。在古代砂岩中一般见不到文石胶结物,白云石、铁白云石、菱铁矿胶结物较为常见。

三、其他类型填隙物

在碎屑岩中,氧化铁也是一种较为常见的非碎屑成分,并常作为砂岩的胶结物。石膏和硬石膏也可以作为砂岩的胶结物。它们形成于沉积盆地蒸发环境,由浸透过沉积层的超盐度孔隙水沉淀而成。磷灰石、沸石、海绿石及有机质等化学成因矿物也可以出现在碎屑岩中,它们可以作为孤立的自生矿物存在，也可以作为碎屑岩的胶结物。

第四节　碎屑岩的结构

　　碎屑岩的结构是指构成碎屑岩的矿物和岩石碎屑的大小、形状、填隙物的结构以及不同组分的空间组合关系。碎屑岩的结构总称碎屑结构，具体地说，碎屑结构也包括碎屑颗粒的结构、杂基和胶结物的结构、孔隙的结构以及碎屑颗粒与杂基和胶结物之间的关系。

　　碎屑岩的结构组分包括碎屑颗粒、杂基(或称基质)、胶结物和孔隙。

　　碎屑颗粒的结构特征一般包括粒度、球度、形状、圆度以及颗粒的表面结构。

一、碎屑颗粒的粒度和粒级划分

　　碎屑颗粒大小称为粒度。粒度是碎屑颗粒最主要的结构特征，碎屑颗粒的大小不仅在不同的碎屑岩(如砾岩、砂岩、粉砂岩)中相差很大，而且在同一种碎屑岩中也有很大的差别。碎屑颗粒的大小直接决定岩石的类型和性质，因此它是碎屑岩分类命名的重要依据。碎屑颗粒粒度和颗粒的分选性是搬运营力的能力和效率的度量标志之一。

　　关于碎屑颗粒的粒级划分，目前存在多种划分方案和分级标准。

　　从颗粒成分和大小的关系来看，一般岩屑多见于大于 2 mm 的粒级中；粒径小于 2 mm 者多为矿物碎屑，如石英、长石碎屑在 0.005~2 mm 粒级内最为集中；小于 0.005 mm 的颗粒则以黏土矿物为主。

　　在国际上应用较广的是 Udden-Wentworth 的方案，又称 2 的几何级数制。它是以 1 mm 为中心，乘以 2 或除以 2 来进行分级。我国科研和生产实际中广泛应用十进制进行粒级划分(表8-2)。

表 8-2　常见的碎屑颗粒粒度分级表

十进制			2 的几何级数制	
颗粒直径/mm	粒级划分		颗粒直径/mm	
>1000	巨砾	砾	巨砾	>256
100~1000	粗砾		中砾	64~256
10~100	中砾		砾石	4~64
2~10	细砾		卵石	2~4
1~2	巨砂	砂	极粗砂	1~2
0.5~1	粗砂		粗砂	0.5~1
0.25~0.5	中砂		中砂	0.25~0.5
0.01~0.25	细砂		细砂	0.125~0.25
			极细砂	0.0625~0.125

续表8-2

十进制				2 的几何级数制	
颗粒直径/mm	粒级划分				颗粒直径/mm
0.05~0.1	粗粉砂	粉砂	粗粉砂		0.0312~0.0625
			中粉砂		0.0156~0.0312
0.005~0.05	细粉砂		细粉砂		0.0078~0.0156
			极细粉砂		0.0039~0.0078
<0.005	黏土(泥)				<0.0039

据水力学研究，直径大于 2 mm 的碎屑颗粒一般以滚动方式沿底部搬运；粒径在 0.05~2 mm 的碎屑颗粒在搬运过程中非常活跃，以跳跃方式进行搬运；而粒径小于 0.05 mm 的碎屑颗粒，其沉降速度已不符合斯托克斯公式；至于小于 0.005 mm 的碎屑颗粒，已出现明显的凝聚现象，甚至可以有布朗运动发生。

碎屑岩很少是由一种粒级碎屑(粒级成分)组成，而往往是由几种粒级所组成。因而一般所谓的岩石粒度，其相应的粒级成分应大于50%。碎屑岩中颗粒大小的均匀程度称为分选性或分选程度。碎屑岩的分选程度是不一样的，一般可粗略地分为：好、中、差三级。

当主要粒度成分含量占碎屑颗粒含量的75%以上，或颗粒大小接近相等时，称为分选性好；当主要粒度成分含量在 50%~75%时，称为分选性中等；没有一个粒级含量超过50%以上，或颗粒大小相差悬殊时，则称为分选性差。

二、碎屑颗粒的球度和形状

(一)碎屑颗粒的球度

球度是用来度量一个颗粒近于球体程度的定量参数，用和颗粒体积相同的球体的横切面积与该颗粒的最大投影面积的比值求得。其数学定义为：

$$\psi(球度系数) = \sqrt[3]{\frac{C \times C}{A \times B}}$$

实际应用证明，最大投影球度法比过去其他方法更有利于研究颗粒在流体介质中的运动。由上式可以看出，颗粒的三个轴越接近相等，其球度就越高；相反，颗粒的三个轴相差很大(如片状和柱状颗粒)，则球度很低。

在搬运过程中，不同球度的颗粒表现不同。如在悬浮搬运组分中，球度小的片状颗粒最容易被漂走，因此在细砂和粉砂中常聚集有较大片的云母碎屑。在滚动搬运中，则只有球度大的颗粒才最易于沿床底滚动，球状颗粒的单位体积表面积最小，比其他形状的颗粒沉降得更快。

(二)碎屑颗粒的形状

颗粒和形状是由颗粒中的 A、B、C(长、中、短)3 个轴的相对大小决定的。根据颗粒 A、B、C 的 3 个轴的长度比例，将颗粒分为下面 4 种形状。

（1）圆球体：$B/A>2/3$，$C/B>2/3$。

（2）椭球体：$B/A<2/3$，$C/B>2/3$。

（3）扁球体：$B/A>2/3$，$C/B<2/3$。

（4）长扁球体：$B/A<2/3$，$C/B<2/3$。

圆球体的球度最高，而不同形状的扁球体和椭球体却可以有不同的球度。在碎屑物质的搬运过程中，上述不同形状的颗粒表现出不同的性质，如椭球状颗粒一定会比扁球状颗粒易于滚动。对于碎屑颗粒3个轴的度量如图8-1所示。

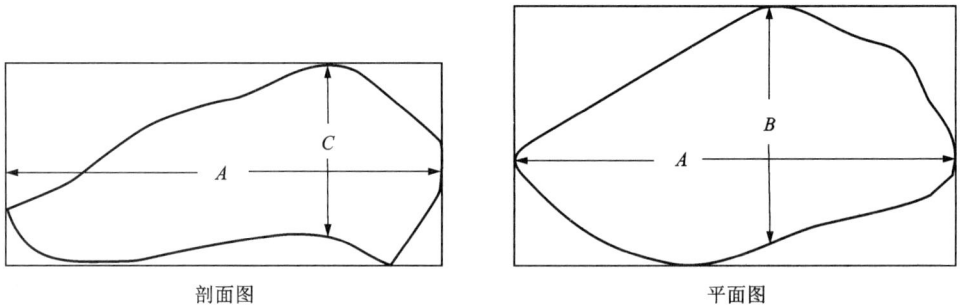

剖面图　　　　　　　　　　　　　　　　平面图

图 8-1　碎屑颗粒 3 个轴的度量

三、碎屑颗粒的圆度及表面结构

(一) 碎屑颗粒的圆度

碎屑颗粒的圆度是指碎屑颗粒的原始棱角被磨圆的程度，它是碎屑颗粒的重要结构特征，它与颗粒的形状无关，只是棱角尖锐程度的函数。佩蒂庄按圆度系数将颗粒圆度分为：棱角状（0~0.15）、次棱角状（0.15~0.25）、次圆状（0.25~0.40）、极圆状（0.40~0.60）。在手标本的观察描述中，通常把碎屑的圆度分为如下4个级别。

（1）棱角状：碎屑的原始棱角无磨蚀痕迹或只受到轻微磨蚀，其原始形状无变化或变化不大。颗粒具尖锐的棱角，棱线向内凹进。一般来说，碎屑基本未经搬运。

（2）次棱角状：碎屑的原始棱角已普遍受到磨蚀，但磨蚀程度不高，颗粒的原始形状清晰可见。一般说明碎屑经短距离搬运。

（3）次圆状：碎屑的原始棱角已受到较大磨蚀，颗粒的原始形状已有了较大变化，但仍然可以辨认。一般说明碎屑颗粒经过较长距离搬运。

（4）圆状：碎屑的棱角已基本或完全磨损，其原始形状已难以辨认，甚至无法辨认，碎屑颗粒大，呈球状、椭球状。一般说明碎屑颗粒经过长距离的搬运和磨损。

碎屑颗粒的圆度一方面取决于它在搬运过程中所受磨蚀作用的强度，另一方面也取决于碎屑颗粒本身的物理化学性质、搬运条件以及它的原始形状和粒度等。碎屑的圆度总是随着其搬运距离和搬运时间的增加而增高。软的碎屑颗粒比硬的易磨圆，解理发育的矿物则易破碎而难以获得高的圆度。呈滚动搬运的颗粒比悬移的易磨圆，滨海沉积的比河流沉积的易磨圆，冰川搬运的颗粒则基本上不能磨圆。

(二)碎屑颗粒的表面结构

表面结构是碎屑颗粒表面的形态特征,一般主要观察表面的磨光程度和表面的刻蚀痕迹两个方面。在碎屑颗粒的表面常有各种磨光面、毛玻璃面和显微刻蚀痕迹等,称为表面结构。其成因主要与机械磨蚀作用、化学溶蚀作用和沉淀作用有关。常见的颗粒表面结构有毛玻璃表面(又称霜面)、沙漠漆、冰川擦痕和撞击痕等。

四、碎屑岩的填隙物

碎屑岩的填隙物包括杂基(基质)和胶结物。由于它们的成因不同,因此在结构上也表现出各自的特点。

(一)杂基

杂基是碎屑岩中与粗碎屑一起以机械方式沉积下来的,起填隙作用的细粒组分,粒度一般小于 0.03 mm,不同于化学沉淀组分。但这里指出的杂基粒度界限主要适用于砂岩,对于更粗的碎屑岩,如在砾岩中,杂基也相对变粗,除泥以外,可以包括粉砂甚至砂级颗粒。

如杂基含量很高,造成颗粒相互不接触并悬浮在杂基之中,则形成杂基支撑结构;相反,如杂基含量不高,一般小于 15%,造成颗粒相互接触,杂基充填在颗粒之间,则形成颗粒支撑结构。

杂基的含量和性质可以反映搬运介质的流动特性与碎屑组分的分选性,因而也是碎屑岩结构成熟度的重要标志。沉积物重力流中含有大量的杂基,由此形成的沉积物是以杂基支撑结构为特征的;而牵引流主要搬运床沙载荷,最终形成砂质沉积物,以颗粒支撑结构为特征,杂基含量很少,粒间由化学沉淀胶结物充填。可见杂基含量是识别流体密度和黏度的标志。

同时,杂基含量是重要的水动力强度标志。在高能量牵引流沉积环境中,黏土会被移去,从而形成干净的砂质沉积物;相反,砂质中杂基含量高,则表明分选能力差,这是结构成熟度低的表现。

杂基也是沉积速率的反映标志,一般来说,沉积速率越大,杂基含量越高。

从成分上看,杂基常为黏土矿物,有时为碳酸盐灰泥、云泥及一些细粉砂碎屑颗粒。

(二)胶结物及其结构

胶结物是指碎屑颗粒和杂基以外的化学沉积物质,通常是结晶的或非结晶的自生矿物,它的结构与化学沉积岩类似,其特点是由晶粒大小、晶体生长方式及重结晶程度决定。在碎屑岩中,胶结物主要为硅质、碳酸盐等,其含量小于 50%,它对颗粒起胶结作用使之变成坚硬的岩石。实际上胶结物所表现的是孔隙充填结构,常见的类型有以下 4 种:

(1)非晶质及隐晶质结构:蛋白石及磷酸盐矿物常形成非晶质胶结物,它们在偏光显微镜下表现为均质体性质。

(2)晶粒状结构:胶结物呈结晶粒状分布于碎屑颗粒之间,因晶粒较大,在手标本上可以分辨,碳酸盐胶结物常具有这种结构。

(3)嵌晶结构:胶结物的结晶颗粒较粗大,晶粒间呈镶嵌结构,每一个晶粒中都可以包含多个碎屑颗粒。方解石、石膏、沸石等化学胶结物容易形成此种胶结。胶结物的粗大晶体是经过成岩阶段、后生阶段的重结晶作用形成的。

（4）自生加大结构：常见于硅质胶结的石英砂岩中。硅质胶结物围绕碎屑石英颗粒生长，两者成分相同，而且表现出完全一致的光性方位。在偏光显微镜正交光下，可见碎屑颗粒与自生加大胶结物同时消光。

（三）孔隙结构和结构成熟度

孔隙结构：孔隙是碎屑岩的重要结构组成部分之一，它是未被颗粒、杂基及胶结物所占据的空间，其间充填大量的气体和液体（如二氧化碳、烃类气体、水、石油、矿液等），也可以同时存在气相和液相。根据形成阶段的不同，孔隙可以分成原生孔隙和次生孔隙两类。

原生孔隙主要是粒间孔隙，即碎屑颗粒原始格架间的孔隙。原生的孔隙度和渗透率与碎屑颗粒的粒度、形状、分选性、球度、圆度和填集性质有关。沉积水动力较强的、分选性好的砂岩比分选性差的杂砂岩的孔隙度和渗透率都要高。

次生孔隙绝大部分是形成于成岩中期之后及后生期，一般都是岩石组分发生溶解作用的结果，也包括岩石因破碎或收缩作用而形成的裂缝。

结构成熟度：结构成熟度是碎屑岩沉积物在风化、搬运及沉积作用下接近终极结构特征的程度。从理论上讲，碎屑岩沉积物的理想终极结构应该是分选磨圆好，碎屑为等大球体，具颗粒支撑结构和化学胶结填隙物，即结构成熟度的高低应反映在碎屑的分选性和磨圆度以及黏土（杂基）的含量上。一般可以将结构成熟度分为3个等级：

（1）结构成熟度高：颗粒分选磨圆好，具明显的颗粒支撑结构和较多化学胶结填隙物，杂基含量一般小于5%。

（2）结构成熟度中等：具颗粒支撑结构和一定量的化学胶结填隙物，杂基含量5%～15%。

（3）结构成熟度低：颗粒分选磨圆较差，具明显的杂基支撑结构和很少的化学胶结填隙物，杂基含量一般大于15%。

第五节　砾岩和角砾岩

砾岩是指粒径大于2 mm，含量大于30%，由粗大的碎屑颗粒组成的粗碎屑岩。砾岩中的碎屑颗粒绝大部分都是岩屑，所以砾岩的成分可以很好地反映母岩类型。

与砂岩相比，砾岩的砾间填隙物较粗，即杂基粒度上限有所增高，通常为砂、粉砂和黏土物质，这些杂基与粗粒碎屑同时或大致同时沉积下来。砾岩中的胶结物通常是从真溶液或胶体溶液中沉淀出的一些化学物质，如方解石、绿泥石、二氧化硅、氢氧化铁等。

砾岩中的沉积构造常见有大型斜层理和递变层理。另外，砾石排列常有较强的规律性，扁形砾石尤为明显，其最大扁平面常向源倾斜，彼此叠覆，呈叠瓦构造。因为在强烈的水流冲击下，砾石只有呈叠瓦状排列才最为稳定。

粗碎屑岩的性质取决于母岩的性质，而且一般搬运距离不远，故研究砾岩的成分有助于追溯物源，因此，砾岩是推断陆源区位置和性质最可靠的直接资料。

一、砾岩的分类

可以根据砾石的圆度、大小、成分，砾岩在剖面中的位置，以及砾岩的地质成因，对砾岩进行分类。

(一)根据砾石圆度的分类

根据砾石的圆度，把砾岩划分为两个基本大类。
(1)砾岩：圆状、次圆状砾石含量大于50%的砾岩。
(2)角砾岩：棱角状和次棱角状砾石含量大于50%的砾岩。
砾岩一般都是沉积作用形成的；而角砾岩除了沉积成因以外，还可以由构造作用(如断层角砾岩)、火山作用(如火山角砾岩)或化学作用(如洞穴角砾岩和盐溶角砾岩)生成。在地质分布上，砾岩比角砾岩常见，而且可以以巨厚层出现；角砾岩厚度不大，但具有更明显的成因意义。砾岩和角砾岩之间存在着过渡类型，可称砾岩–角砾岩。

(二)根据砾石大小的分类

根据砾石的大小，可把砾岩分为以下四类：
(1)细砾岩：砾石直径为 2~10 mm。
(2)中砾岩：砾石直径为 10~100 mm。
(3)粗砾岩：砾石直径为 100~1000 mm。
(4)巨砾岩：砾石直径大于 1000 mm。

(三)根据砾石成分的分类

根据砾石的成分，可以把砾岩划分为单成分砾岩和角砾岩与复成分砾岩和角砾岩。
(1)单成分砾岩和角砾岩。
砾石成分单一，同种成分的砾石含量占75%以上。砾石多半是稳定性较高的岩屑或矿物碎屑，如石英岩和燧石等。单成分砾岩一般分布于地形平缓的滨岸地带。在这里，砾石经过长距离搬运，并受波浪反复地冲刷磨蚀，不稳定组分消失殆尽，只剩下磨圆度及稳定性高的组分，故多为石英岩质砾岩。在有些情况下，侵蚀区不坚固的岩石(如石灰岩)破碎，就地堆积或近距离快速堆积，也可形成单成分砾岩。
(2)复成分砾岩和角砾岩。
砾石成分复杂，有时在一种砾岩中可含十几种不同成分的砾石，各种类型的砾石含量都不超过50%，这取决于母岩成分及其风化、搬运和沉积的条件。这些砾石抵抗风化的能力大都不强，通常分选性不好，磨圆度不高，层理不明显。它们多沿山区呈带状分布，厚度变化大，为母岩迅速破坏和堆积的产物。这种砾岩的成因类型很多，以造山期后的河成砾岩及山麓洪积砾岩分布最广。

(四)根据砾岩在剖面中的位置的分类

砾岩在地质剖面中的位置，即砾岩与相邻岩层(尤其是下伏岩层)的接触关系，具有很重要的地质意义。根据这种关系可以把砾岩分为底砾岩、层间砾岩和层内砾岩。

（1）底砾岩。

底砾岩常常位于海侵层位的最底部，分布于侵蚀面上，与下伏地层呈假整合或不整合接触，为海侵开始阶段的产物。

这种砾岩的成分一般比较简单，稳定性高的坚硬砾石较多，磨圆度高，分选性好；杂基含量少，主要是砂质-粉砂质成分，这表示它们经历了长距离的搬运，通常分布范围广。

（2）层间砾岩。

层间砾岩的特点是整合地夹于其他沉积岩层之间，它的存在并不代表有侵蚀间断，与下伏地层是连续沉积的。在其砾石成分中，可有不稳定的岩屑，如石灰岩、黏土岩及弱胶结的粉砂岩等。层间砾岩的磨圆度低，杂基成分复杂，通常是边冲刷边沉积的破坏产物。

（3）层内砾岩。

层内砾岩是指该岩层在准同生期尚处于半固结状态时，经侵蚀破碎和再沉积而成的砾石沉积物，再经成岩作用而成的砾岩。这种成因的砾石确切地讲应属于内碎屑，故又称为同生砾岩。由于形成这种碎屑的作用很局限，所以砾石成分单一，未经搬运或搬运距离很短，只有轻微磨损，并一般限于单一的沉积环境内，厚度通常只有几厘米，最大可到 2 m。层间砾岩在碳酸盐岩中普遍分布，在砂岩内的泥页岩中层内砾岩也很常见。

二、砾岩的主要成因类型

砾岩和角砾岩的成因类型很多，可以根据砾岩支撑类型、砾石分选性、组构、层理、粒序性对砾岩的成因类型进行划分。常见的几种类型有滨岸砾岩、河成砾岩、洪积砾岩、冰川角砾岩、滑塌角砾岩、浊积砾岩、风暴砾岩、岩溶角砾岩等。

（1）滨岸砾岩。

滨岸砾岩主要形成于海或湖的滨岸地带，由河流搬运来的砾石沿海（湖）岸，经海（湖）浪长期作用改造而来。其特点是砾石成分较单一，以稳定组分为主，如石英岩、燧石及石英等；分选性好，往往以一个粒级占绝对优势，在直方图上显示为一个突出的主峰；磨圆度极高；常见扁平对称的砾石，粗砾很少。砾石的最大扁平面向着深水的方向倾斜，倾角不大，一般 7°~8°，不超过 13°。砾石长轴（A 轴）大致与海（湖）岸线平行。滨岸砾岩中有时有含滨海的生物化石碎片，但很少含有完整化石。在海侵过程中，这种砾岩常是底砾岩的开始部分。滨岸砾岩体成层性好，横向分布稳定，呈席状延伸。

（2）河成砾岩。

河成砾岩常见于山区河流，多位于河床沉积的底部。由于搬运距离不远，故不稳定组分仍然存在，砾石成分复杂，常可出现由各种岩石成分组成的砾石。杂基中含有大量石英、长石、暗色矿物等砂级碎屑和泥质混入物。分选性和对称性较差。砾石的最大扁平面向源倾斜，呈叠瓦状排列，倾角较大，一般 15°~30°。长轴大部分与水流方向垂直，但近岸处多与岸边平行。河成砾岩化石少见，但有时可见大的硅化木。河成砾岩多呈透镜体出现，其底部可见冲刷现象，有侵蚀切割下伏岩层的痕迹，呈不平坦的冲刷面。

河成砾岩多为复成分岩屑砾岩，然而在许多情况下是某种成分的砾石占优势。但有时它也可以是单成分的岩屑砾岩，如石灰岩砾岩、花岗岩砾岩。后者的存在反映了特定的地质条件，如近物源，供给区缺少砂、泥物质，强烈的构造活动以及快速侵蚀和沉积等。

（3）洪积砾岩。

洪积砾岩是由山区洪流（包括暂时河流和经常河流）在流出山间峡谷进入平原时，流速骤减，致使带出的粗碎屑物质在山麓处快速堆积而成。这种砾岩沿山麓分布，厚度巨大，有时可达几千米，其形成与毗邻山区持续上升遭受剧烈剥蚀有关，它与砂、泥岩一起构成磨拉石建造。其特点是砾石较粗大，含较多中砾级甚至粗砾级砾石，分选性很差，直方图常显示不出特征峰值；磨圆度也低；杂基成分常与砾石成分相似，并多具泥质；胶结物多为钙质和铁质；岩体多为透镜状和楔状，在靠近山麓岩体一侧，常见切割和充填构造。洪积砾岩在许多地区表现为具有磨拉石建造沉积特征的巨厚的岩屑砾岩。

（4）冰川角砾岩。

冰川角砾岩即通称的冰碛岩，其特点是成分复杂，常见新鲜的不稳定组分；分选性极不好，大的砾岩与泥砂混杂，直方图呈现多峰；有时砂泥含量甚高，砾石含量不超过50%；砾石多呈棱角状，有些碎屑常见几个磨平面，从而使角砾岩形状极具特征，如常见的所谓多面体砾石和熨斗状砾石，砾石表面常见丁字形擦痕；层理不清，常呈块状；砾石排列极为紊乱，最大扁平面的倾角很大，甚至直立。

（5）滑塌角砾岩。

在地形陡峻地区的边界地带，常常由于某种地质营力作用发生崩塌，或沿斜坡发生地滑，从而形成滑塌角砾岩。这种角砾岩可以出现在陆上或水下，通过加进的水而过渡为泥流和浊流。滑塌和地滑通常与斜坡构造及岩性有关。

此类砾岩的特点是棱角状角砾和磨圆角砾可同时存在，这是由于陡崖崩落下来的已固结的岩屑多呈角砾状，而当发生水下滑动时携带来的半固结底部沉积物很容易成为磨圆砾石。此种角砾岩分选性很差，砾石大小悬殊，大者直径可达几米，厚度变化大，常呈透镜体产出。

（6）岩溶角砾岩。

岩溶角砾岩亦称洞穴角砾岩，它的形成与下伏物质（如膏盐层）被溶解以及上覆地层的坍塌作用有关，尤其是石灰岩的坍塌。因此，在地下水活动的石灰岩地区常可见到由溶洞顶壁垮塌堆积形成的角砾岩。它的特点是角砾通常为板状碎片及各种大小的石灰岩块，杂基仍是碳酸盐质或是风化的红土物质。角砾呈高度棱角状，毫无分选性，成分单一。岩溶角砾岩一般因有大量的碳酸盐岩细粒杂基而导致碎屑和杂基之间的区分不清楚。这种角砾岩层厚度变化很大，由几厘米到十米甚至更厚。角砾岩的层顶、底界，特别是底界很清晰。

第六节　砂岩和粉砂岩

一、砂岩

砂岩及粉砂岩主要是由母岩机械破碎的产物——碎屑物质，经过搬运、沉积并经过压实和胶结而成。砂岩是指主要由含量大于50%、粒径0.1~2 mm的陆源碎屑颗粒组成的碎屑岩。砂岩的分布远较砾岩广泛，在沉积岩中仅次于黏土岩而居第二位，占沉积岩的1/3左右，它是最重要的储集油气的岩石之一。

砂岩的碎屑成分较为复杂，通常砂级碎屑组分以石英为主，其次是长石和各种岩屑，有时含云母和绿泥石等矿物碎屑。从结构上看，砂岩由砂粒碎屑、基质和胶结物三部分组成。基质和胶结物对砂岩都起胶结作用，但成因不同，基质(又称杂基或机械混合物)是细粒的机械成因组分，粒度上限一般为0.03 mm。基质含量的多少反映岩石分选的好坏。胶结物是指直接从溶液中沉淀出来的化学沉淀物，主要反映形成阶段的物理和化学条件，通常有钙质、硅质、铁质、石膏质等。

不同的砂岩化学成分不同，这取决于碎屑组分和胶结物组分。与岩浆岩的平均化学成分相比，砂岩的SiO_2含量很高，而Al_2O_3的含量则大为减少。这是因为砂岩是机械沉积作用的产物，不稳定组分(长石和岩屑)已被大量破坏和淘汰，而稳定组分石英却相对富集。

砂岩成熟度包括成分成熟度和结构成熟度，它是指砂岩中的碎屑组分在风化、搬运、沉积作用的改造下接近最稳定的终极产物的程度。一般来说，不成熟的砂岩是靠近物源区堆积的，含有很多不稳定的碎屑，如岩屑、长石、铁镁矿物；高度成熟的砂岩是经过长距离搬运，遭受改造的产物，几乎全由石英组成。砂岩颗粒分选性、磨圆度及砂岩基质含量都影响其结构成熟度，它随搬运次数和搬运距离的增加而增高。

目前砂岩的分类普遍采用三角形图解，主要是依据砂岩的3种砂级碎屑组分，如石英、长石和岩屑对砂岩进行分类(图8-2)。如长石或岩屑含量为10%~25%，则将砂岩细分为"长石质或岩屑质××砂岩"，颗粒含量小于10%的组分不参加定名(表8-3)。

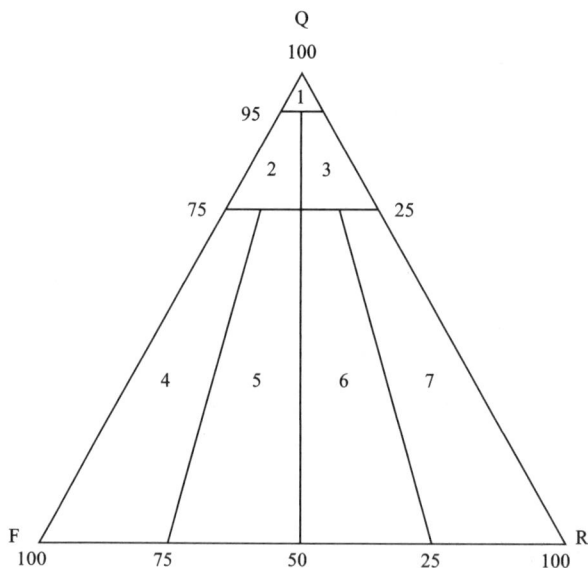

1—石英砂岩或石英杂砂岩；2—长石石英砂岩或长石石英杂砂岩；3—岩屑石英砂岩或岩屑石英杂砂岩；

4—长石砂岩或长石杂砂岩；5—岩屑长石砂岩或岩屑长石杂砂岩；

6—长石岩屑砂岩或长石岩屑杂砂岩；7—岩屑砂岩或岩屑杂砂岩。

(Q=石英，F=长石，R=岩屑；杂基含量<15%称为砂岩，>15%时称为杂砂岩)

图8-2 砂岩的成因分类

表 8-3　砂岩成分分类表

岩类名称	岩石名称	主要碎屑物颗粒含量/%			备注
		石英	长石	岩屑	
石英砂岩	石英砂岩	>80	<10	<10	
	长石质石英砂岩	65~90	10~25	<10	
	岩屑质石英砂岩	65~90	<10	10~25	
	长石岩屑质石英砂岩	50~80	10~25	10~25	
长石砂岩	长石砂岩	<75	>25	<10	长石>岩屑
	岩屑质长石砂岩	<65	>25	10~25	
	岩屑长石砂岩	<50	>25	>25	
岩屑砂岩	岩屑砂岩	<75	<10	>25	岩屑>长石
	长石质岩屑砂岩	<65	10~25	>25	
	长石岩屑砂岩	<50	>25	>25	

说明：当基质含量大于15%时，岩石名称分别定为石英杂砂岩、长石杂砂岩和岩屑杂砂岩。

1. 石英砂岩

石英砂岩的最突出特征是石英碎屑占90%以上，含有少量长石和燧石等岩屑。其中重矿物含量极少，往往不超过千分之几，且多为稳定组分，通常由极圆的锆石、电气石和金红石等组成。长石和岩屑含量均小于25%。长石主要是微斜长石、正长石和钠长石。岩屑可能只包括少量磨蚀好的燧石和石英岩岩屑。胶结物大多为硅质，其次为钙质、铁质及海绿石等。

石英砂岩的颜色大部分为灰白色，有些略带浅红、浅黄、浅绿等，少数为较深色调。其颜色取决于胶结物的颜色，如胶结物为海绿石，则岩石呈浅绿色。有时碎屑石英表面包有一层赤铁矿薄膜，虽然它可能只占整个岩石的一部分或更少，但却使岩石呈浅红色或浅褐色。

多种波痕和交错层理是石英砂岩的特征沉积构造，产状为厚度不大的稳定层状。这类砂岩极为常见，据统计，石英砂岩类约占砂岩总量的1/3，时代分布也广，但以前寒武纪和早古生代为多，主要产于构造条件相对稳定的地区。

2. 长石砂岩

长石砂岩主要由石英和长石颗粒组成，石英含量小于75%，长石含量较高，大于25%，岩屑含量小于25%。石英颗粒一般不规则，并且磨圆度低。

长石砂岩中钾长石类或酸性斜长石类均可为主要的长石。钾长石类以正长石为多，也常见具网格双晶的微斜长石和条纹长石，其变化包括由极新鲜的至强烈风化的(高岭石化)各种情况。高岭石化长石表面呈土状或云雾状，新鲜的或微弱风化的长石表面光洁如石英。

含有大量的白云母和黑云母碎屑是长石砂岩的另一个特征，云母含量可高达10%以上，它们在比较细粒的岩石中最多，一般比其共生的石英和长石颗粒要大些，常沿层面平行排列，黑云母常见绿泥石化。

与石英砂岩相比，长石砂岩重矿物含量较高，可达1%以上；成分较复杂，既可见稳定成分，如锆石、金红石、电气石、石榴石和磁铁矿等，也可见稳定性差的矿物，如磷灰石、榍石、绿帘石、角闪石等。

胶结物常为钙质，有时为铁质，硅质的较少。

3. 岩屑砂岩

岩屑砂岩含有丰富的岩屑，含量大于25%，长石含量小于25%，石英含量在75%以下。岩屑成分复杂，有时一种岩屑砂岩中可有20余种岩屑。常见的岩屑可分为三类：一是各种隐晶质喷出岩岩屑；二是板岩、千枚岩及云母片岩等低级变质岩岩屑；三是粉砂岩、黏土岩、石英岩及燧石岩屑，甚至还有泥晶灰岩和白云岩等沉积岩岩屑。

石英也是岩屑砂岩的主要成分，其磨圆度通常比长石砂岩及杂砂岩中的石英要高些。长石含量一般较少。在许多岩屑砂岩中，碎屑黑云母和白云母是值得注意的组分。云母片一般平行于层理面富集，常常由于压实作用而发生变形。常见的重矿物有锆石、电气石、角闪石、绿帘石、榍石和石榴石等。岩屑砂岩常有碳酸盐和二氧化硅胶结物。

岩屑砂岩最主要的岩石特征是含有较大量的稳定和不稳定的多种类型的岩屑。岩屑含量取决于母岩区的构造稳定性和气候条件。

岩屑砂岩一般呈浅灰色、灰绿色及灰黑色，分选性不好，磨圆度不高，一般为中粗粒结构，沉积厚度较大，发育有多种类型的交错层理以及其他沉积构造。

二、粉砂岩

粉砂岩主要由含量大于50%，粒级为0.005~0.1 mm的碎屑组成的细粒碎屑岩称为粉砂岩。通常，按颗粒大小又可分为粗粉砂岩和细粉砂岩，前者的粒级范围是0.05~0.1 mm，后者是0.005~0.05 mm。

从外形和性质上看，粗粉砂岩很像砂岩，可以作为油气的储集层；而细粉砂岩尤其是富含黏土物质的细粉砂岩，都或多或少具有黏土岩的特征，可以成为生油层。

粉砂岩中稳定组分较多，成分较单纯，常以石英为主；长石较少，多为钾长石，次为酸性斜长石；岩屑极少或不存在，常含较多白云母。

粉砂岩重矿物含量比砂岩多，可达3%，多为稳定性高的组分，如锆石、电气石、石榴石、磁铁矿、钛铁矿等。

粉砂岩黏土基质含量一般相当多，常向黏土岩过渡形成粉砂质黏土岩。碳酸盐胶结物较常见，铁质和硅质较少见。

与砂岩相比，在相同的搬运条件下，粉砂碎屑具有更低的磨圆度，特别是细粉砂多呈悬浮负载，故几乎总是有棱角状的，分选性一般较好。

粉砂岩是经过较长距离的搬运，在稳定的水动力条件下缓慢沉降而成的。因为长距离搬运不仅能使碎屑物质破碎形成粉砂质粒级，而且还会使粗细混杂的物质逐渐分异，使粉砂颗粒相对集中，这些物质因为颗粒细小，故在稳定的环境中方能沉降堆积。

粉砂岩的分布极其广泛，几乎在所有的砂-泥质岩系中都有粉砂岩或夹层。它在横向上的分布也有一定的规律性，一般出现在砂岩向泥岩过渡的水流缓慢地带，多产于浅海、浅湖和三角洲前缘远端等沉积环境。

🌐 第七节 黏土岩

黏土岩是以黏土矿物为主(含量大于 50%)的沉积岩。疏松或未固结成岩者称为黏土。黏土岩的粒度组分大都很细小，这主要是因黏土矿物的粒度细小所致。黏土矿物的粒径一般都在 0.005 mm 或 0.0039 mm 以下，甚至在 0.001 mm 以下。

构成黏土岩主要组分的黏土矿物大多数是来自母岩风化的产物，并以悬浮方式搬运至汇水盆地，以机械方式沉积而成。由汇水盆地中的 SiO_2 和 Al_2O_3 胶体的凝聚作用形成的自生黏土矿物，以及由火山碎屑物质蚀变形成的黏土矿物，在黏土岩中所占比例较小。因此，就形成机理而言，黏土岩应归属陆源碎屑沉积岩。

黏土岩是沉积岩中分布最广的一类岩石，约占沉积岩总量的60%。它不仅是重要的生油岩，同时也是良好的盖层，甚至还可以作为油气的储层。因此，黏土岩研究不仅对沉积岩成因、沉积环境分析起到重要作用，而且还具有重要的石油地质意义。

一、黏土岩的物质成分

黏土岩的矿物成分以黏土矿物为主，其次为陆源碎屑物质、化学沉淀的非黏土矿物及有机质等。其化学成分以 SiO_2、Al_2O_3 和 H_2O 为主，其次为 Fe、Mg、Ca、Na、K 的氧化物及一些微量元素。

(一)矿物成分

(1)黏土矿物。

黏土矿物是一种含水的硅酸盐或铝硅酸盐矿物，可分为非晶质和结晶质两类。后者又分为层状和链状两种结构类型，最常见者为层状结构的黏土矿物。

主要黏土矿物有高岭石族、埃洛石(多水高岭石)族、蒙脱石族、水云母(伊利石)族、绿泥石族、海泡石族等矿物。

(2)矿物碎屑。

陆源矿物碎屑主要为石英、长石、云母和各种副矿物，其中最主要的还是石英，呈单晶出现，圆度低，边缘模糊。

(3)自生的非黏性土物质以及其他组分。

化学沉淀的自生矿物主要有铁、锰、铝的氧化物和氢氧化物(如赤铁矿、褐铁矿、水针铁矿、水铝石)、含水氧化硅(如蛋白石)、碳酸盐(如方解石、白云石、菱铁矿)、硫酸盐(如石膏、硬石膏)、磷酸盐(磷灰石)、氯化物(如石盐)。它们都是在黏土岩形成过程中产生的，其含量一般不超过5%，是黏土岩形成环境及成岩后生变化的重要标志。黏土质岩石中还常含有一些有机质，如煤、腐泥质、沥青质及生物遗体等。

（二）化学成分

黏土岩的主要化学成分为 SiO_2、Al_2O_3 和 H_2O，在一般的黏土岩中，三者总量可达80%以上；其次为 Fe_2O_3、FeO、MgO、CaO、Na_2O、K_2O 等。不同黏土岩的化学成分变化较大，这主要取决于它的矿物成分、混入物、吸附的阳离子类型及含量。如高岭石黏土岩富含 Al_2O_3，水云母黏土岩富含 K_2O，海泡石黏土岩富含 MgO，陆源混入物含量较多的粉砂质黏土岩的 SiO_2 含量高。

黏土矿物常具有吸附各种离子的特性。常吸附的阴离子有：PO_4^{3-}、SO_4^{2-}、Cl^-、NO_3^-。常吸附的阳离子有：Ca^{2+}、Mg^{2+}、H^+、Na^+、K^+ 及 Cu^{2+}、Pb^{2+}、Zn^{2+}、B^{3+}、Au^+、Ag^+、Hg^{2+}、As^{3+}、Tn^{4+}、U^{4+} 等。它们是使黏土岩化学成分多变的原因之一。

（三）有机物质

黏土岩常含数量不等的有机物质，而有机物质的丰度以岩石中剩余有机碳含量、氨基酸的总量以及氨基酸总量与剩余有机碳含量的比值作为衡量标准。如剩余有机碳和氨基酸含量高、氨基酸总量与剩余有机碳比值低，则有机质丰度高，此黏土岩即为良好的生油岩。这类黏土岩常呈深灰、灰黑色，多形成于低能还原环境。

二、结构、构造和颜色

结构、构造和颜色是肉眼鉴定和描述黏土岩的重要依据。

（一）结构

根据黏土矿物颗粒及粉砂、砂等碎屑物质的相对含量，可划出以下结构类型（表8-4）。

表8-4　按黏土质点和粉砂（砂）相对含量划分的黏土岩结构类型

结构类型	黏土及粉砂（砂）含量/%	
	黏土含量	粉砂（砂）含量
黏土结构	>90	<10
含粉砂（砂）黏土结构	75~90	10~25
粉砂（砂）黏土结构	50~75	25~50

黏土结构又称泥质结构，几乎全部由黏土质点组成，砂或粉砂级碎屑含量小于10%，以手触摸有滑腻感，用小刀切刮时，切面光滑，常呈现鱼鳞状或贝壳状断口。

含粉砂黏土结构和粉砂黏土结构也可分别称为含粉砂泥质结构和粉砂泥质结构。这两种结构的岩石用手触摸有粗糙感，刀切面不平整，断口粗糙。

含砂黏土结构及砂质黏土结构也可分别称为含砂泥质结构和砂质泥质结构。这两种结构的岩石用手抚摸具有明显的颗粒感觉，肉眼可见砂粒，断口呈参差状。

按黏土矿物的结晶程度及晶体形态可划分出非晶质结构、隐晶质结构和显晶质结构，其他还有鲕粒及豆粒结构、内碎屑结构和残余结构等。

(二) 构造

黏土岩最常见的构造为层理构造(如水平层理、块状层理)、多种层面构造(如泥裂、雨痕、虫迹、结核、晶体印痕)和水底滑动构造、搅混构造等。

具水平层理构造的黏土岩，其水平细层的厚度小于 1 cm 者称为叶状层理或页理，水平细层的厚度小于 1 mm 者称为纹理。其形成主要是由水云母、绢云母或绿泥石等片状矿物定向排列所致。除了这些一般沉积岩的构造外，还常见一些显微构造如显微鳞片构造、显微定向构造等。

(三) 颜色

黏土岩常见的颜色有红色、紫色、褐黄色、灰绿色、灰黑色、黑色等，颜色的差异与黏土岩所含的有机质和铁离子的氧化状态等因素有关。

黏土岩的颜色取决于黏土矿物的成分与染色成分(包括无机色素和有机质)。黏土岩的颜色能帮助推断生成环境。如红色、褐红色、棕色黄色等色调的出现通常是由于岩石中含有 Fe^{3+} 的氧化物和氢氧化物(如赤铁矿、褐铁矿、水针铁矿等)薄膜，反映了岩石形成时的强氧化条件。绿色、蓝色多半是由于岩石中含有 Fe^{2+} 的化合物或铁的硅酸盐矿物(如海绿石、绿泥石、鲕绿泥石等)，少数是由于铜的化合物(如孔雀石、蓝铜矿等)的影响。反映沉积环境为弱氧化-弱还原性质；灰色、黑色色调是由于岩石中富含有机质，或含分散状低价铁的硫化物(如黄铁矿、白铁矿等)，反映了岩石形成时为还原或强还原环境。

三、分类

目前黏土岩的分类尚无统一的方案，原因是黏土岩的成分和成因较复杂，组成黏土岩的成分又极细小，精确鉴定和含量统计都很困难，成岩作用中又极易变化。现有的分类，一般先按黏土岩在成岩作用中的变化，如按固结程度及沉积构造划分大类，再进一步按黏土岩的结构、矿物成分及混入成分细分次级类型(表 8-5)。

在黏土岩矿物成分分类上，按黏土矿物的类型和含量还可分为单矿物黏土岩和复矿物黏土岩。前者以一种黏土矿物为主，其含量大于 50%，如高岭石黏土岩、蒙皂石黏土岩等。后者由两种或两种以上黏土矿物组成，采用复合命名，如高岭石-伊利石黏土岩等，自然界多为复矿物黏土岩。每类黏土岩又可按其固结程度分为黏土、泥岩和页岩，如高岭石黏土、高岭石泥岩、高岭石页岩等。

表 8-5 黏土岩的综合分类

结构及成分		固结程度			强固结(重结晶矿物大于50%)
		未固结至弱固结(未重结晶)	固结(未重结晶至中等重结晶)		
			无页理	有页理	
结构(粉砂或砂含量)	<10%	黏土	泥岩	页岩	
	10%~25%	含粉砂(砂)黏土	含粉砂(砂)泥岩	含粉砂(砂)页岩	
	25%~50%	粉砂(砂)黏土	粉砂(砂)泥岩	粉砂(砂)页岩	
黏土矿物成分	高岭石	高岭石黏土(高岭土)	高岭石泥岩	高岭石页岩	泥板岩
	蒙皂石	蒙皂石黏土(膨润土)	蒙皂石泥岩	蒙皂石页岩	
	伊利石	伊利石黏土	伊利石泥岩	伊利石页岩	
	海泡石	海泡石黏土	海泡石泥岩	海泡石页岩	
	高岭石、蒙皂石	高岭石-蒙皂石黏土	高岭石-蒙皂石泥岩	高岭石-蒙皂石页岩	
	高岭石、伊利石	高岭石-伊利石黏土	高岭石-伊利石泥岩	高岭石-伊利石页岩	
	蒙皂石、伊利石	蒙皂石-伊利石黏土	蒙皂石-伊利石泥岩	蒙皂石-伊利石页岩	
混入物成分	钙质	—	钙质泥岩	钙质页岩	
	铁质		铁质泥岩	铁质页岩	
	硅质		硅质泥岩	硅质页岩	
	有机质		碳质泥岩、暗(黑)色泥岩	碳质页岩、黑色页岩	

◉ 第八节 碳酸盐岩

碳酸盐岩是主要由方解石和白云石等碳酸盐矿物组成的沉积岩,属于化学岩和生物化学岩。石灰岩和白云岩是碳酸盐岩中最主要的岩石类型。碳酸盐岩在地壳中的分布仅次于泥质岩和砂岩,约占沉积岩总面积的 20%。

一、成分

(一)化学成分

纯石灰岩(纯方解石)的理论化学成分为 CaO(56%)和 CO_2(44%);纯白云岩(纯白云

石)的理论化学成分为 CaO(30.4%)、MgO(21.7%)和 CO_2(47.9%)。但是实际上自然界中的碳酸盐岩总是或多或少地含有其他的化学成分。在碳酸盐岩中，还常含有一些微量元素或痕量元素，如 Sr、Ba、Mn、Co、Ni、Pb、Zn、Cu、Cr、Ga、Ti、B 等。这些元素在地层划分和对比以及沉积环境分析上，有时很有意义。

(二)矿物成分

碳酸盐岩主要由方解石和白云石两种碳酸盐矿物组成。以方解石为主的碳酸盐岩称为石灰岩，以白云石为主的碳酸盐岩称为白云岩。这是碳酸盐岩的两个最基本的岩石类型。

方解石($CaCO_3$)属于三方晶系，常见的晶形有菱面体、复三方偏三角面体，三组菱面解理完全，硬度为3，相对密度2.71。在方解石的矿物体系中，有低镁方解石、高镁方解石和文石等矿物。低镁方解石，即通常所称的方解石，其 $MgCO_3$ 含量一般小于4%(摩尔分数)。高镁方解石，也叫镁方解石，其 $MgCO_3$ 含量一般大于10%(摩尔分数)，有时可达30%(摩尔分数)，其镁含量虽高，但方解石的晶格并未被破坏。文石，又称为霰石，是方解石的同质异象变体，属斜方晶系，在现代沉积中常呈针状，有时也呈泥状。

在这三种碳酸盐矿物中，高镁方解石最不稳定，文石次之，低镁方解石较稳定，因此，高镁方解石和文石都要转变为低镁方解石。

白云石($CaMg[CO_3]_2$)也属于三方晶系，常见的晶体为菱面体，菱形晶面常弯曲，硬度 $3.5\sim4$，相对密度为2.87。

在碳酸盐岩中，除含有上述方解石和白云石体系的矿物外，还常有菱铁矿、菱镁矿等碳酸盐矿物。

在碳酸盐岩中，除上述碳酸盐矿物外，还常有一些非碳酸盐的自生矿物，即在沉积环境中生成的非碳酸盐矿物，如石膏、硬石膏、天青石、重晶石、萤石、石盐、钾石盐、玉髓、自生石英、黄铁矿、赤铁矿、海绿石、胶磷矿等。另外，还常含一些陆源矿物，如黏土矿物、石英、长石、云母、绿泥石以及一些重矿物等。在碳酸盐岩中，还常含有一些有机质。

(三)碳酸盐岩的颜色

与碎屑岩相比，碳酸盐岩的颜色相对单调些，以灰色、灰黑色为主，也有白色、灰绿色、黄褐色、紫红色等。颜色在沉积环境分析中十分有用。

由于碳酸盐岩主要是在盆内形成的，因此其颜色主要是自生色和次生色。

自生色是碳酸盐沉积物在沉积环境中以及早期成岩过程中形成的颜色，与沉积环境密切相关。不含杂质的纯碳酸盐岩通常是白色的。灰色和灰黑色主要是因为存在有机质，代表水下还原环境，通常有机质含量越高，碳酸盐岩颜色越暗，反映环境还原性越强，水体能量越低。水深在浪基面之下，水体循环有较好的开阔台地环境，属于弱还原环境，其沉积通常呈灰色。水体深的斜坡、盆地环境以及水体基本停滞的局限台地环境属于强还原环境，其碳酸盐岩沉积通常呈灰黑色。低能还原环境沉积的碳酸盐岩中含有黏土时，其颜色通常为灰绿色。高能颗粒滩或生物礁属于弱氧化环境，其沉积通常呈灰白色、白色，有机质含量很低。潮坪环境属于强氧化环境，其沉积呈灰白色，有机质含量也很低；当含有黏土时，由于高价铁的存在，岩石常呈黄褐色。

次生色是在后生作用阶段或风化过程中，原生组分发生次生变化，由新生成的次生矿物所造成的颜色。这种颜色通常是由氧化作用引起的。当碳酸盐矿物或岩石中的黏土矿物含有 Fe^{2+} 时，遭受氧化后 Fe^{2+} 转变为 Fe^{3+}，形成铁的氧化物或氢氧化物(赤铁矿、褐铁矿等)，使岩石的颜色变为黄褐色或紫红色。

原生色与次生色比较容易区分。原生色与层理界线一致，在同一层内沿走向均匀、稳定地分布。次生色一般切穿层理面，分布不均，常呈斑点状，且多限于岩石风化表面，新鲜面上呈现原生色。

二、碳酸盐岩的结构组分和构造

(一)碳酸盐岩的结构组分

碳酸盐岩的基本组分主要由颗粒、泥、胶结物、晶粒和生物格架等五种结构类型组成。此外还有一些次要的结构组分，如陆源物质、其他化学沉淀物质、有机质等。也还有一些派生的结构组分，如孔隙等。这些次要的和派生的组分对岩石性质也有一定的影响，对岩石的成因及沉积环境分析也有重要的意义。但就组成岩石的基本组分来说，还仍然是上述的五类。

1.颗粒

碳酸盐岩中的颗粒，按其是否在沉积盆地中形成，可分为内颗粒(盆内颗粒)和外颗粒(盆外颗粒)两类。内颗粒是主要的，外颗粒是次要的。

外颗粒是指来自沉积地区以外的较老的碳酸盐岩碎屑，是陆源碎屑颗粒。这种陆源的碳酸盐岩碎屑，与在沉积盆地中形成的碳酸盐岩内碎屑，在成分上虽然相同，即都是碳酸盐成分，但形成机理却是完全不同的。

内颗粒是指在沉积盆地或沉积环境内形成的碳酸盐颗粒。这种颗粒可以是化学沉积作用形成的，也可以是机械破碎作用形成的，还可以是生物作用形成的，或者是这些作用的综合产物。在碳酸盐岩中，凡提到颗粒，均是指内颗粒。

内颗粒的类型多种多样，下面就简要介绍主要颗粒的特征和成因。

1)内碎屑

内碎屑主要是沉积盆地沉积不久的、半固结或固结的各种碳酸盐沉积物，受波浪、潮汐水流、风暴流、重力流等的作用，破碎、搬运、磨蚀、再沉积而成的。内碎屑常具有较复杂的内部结构，可含有化石、鲕粒、球粒以及早先形成的内碎屑等，其磨蚀的边缘常切割它所包含的化石、鲕粒等颗粒。

根据大小，可把内碎屑分为砾屑、砂屑、粉屑和泥屑。

2)鲕粒

鲕粒是具有核心和同心层结构的球状颗粒，很像鱼籽(鲕)，故而得名。鲕粒大多为极粗砂级到中砂级的颗粒(0.25~2 mm)，常见的鲕粒为粗砂级(0.5~1 mm)，大于 2 mm 和小于 0.25 mm 的鲕粒较少见。

鲕粒通常由两部分组成，即核心和同心层。核心可以是内碎屑、化石(完整的或破碎的)、球粒、陆源碎屑颗粒等；同心层主要由泥晶方解石组成。现代海洋环境中的鲕粒主要是由文石组成。有的鲕粒具有放射状结构，此放射状结构可以穿过整个同心层，有的则只限于几个同心层中。鲕粒的形成主要受两个因素控制：一个是搬运水流的强度，即能够把作为鲕粒核心的颗粒搬运到成鲕环境中去的水流的强度；另一个则是成鲕环境中水的动荡程度。潮汐作用发育的地区，如潮汐坝和潮汐三角洲地区，是形成鲕粒的理想环境。

3）藻粒

藻粒，即与藻类有成因联系的颗粒，包括藻鲕、藻灰结核（或称核形石）以及藻团块。

藻鲕：是在藻（主要是蓝藻）参与下形成的鲕，其同心层是通过藻丝体黏结灰泥形成的，形成的机制类似叠层石。这种鲕的直径一般为 1～2 mm，其中心常有所偏离。藻鲕与正常化学沉淀形成的鲕粒的区别在于藻鲕的同心层多呈波状或梅花状，厚度变化大，而鲕粒的同心层厚度均匀且平滑。

藻灰结核（或称核形石）：也是通过蓝绿藻黏液捕捉碳酸盐沉积物而形成的具有同心层的颗粒，成因与藻鲕相同。与藻鲕相比，核形石较大，其直径大于 2 mm，一般为 10～20 mm，同心层黏结物较多、较模糊而且厚度变化更明显。

藻团块：也是藻类黏结增长而成的颗粒，但它不具有同心层结构。

4）球粒与粪球粒

通常，把较细粒（粗粉砂级或砂级）、由灰泥组成的，不具特殊内部结构的，球形或卵形的，分选性较好的颗粒称为球粒。球粒的成因主要有两种：一种是机械成因，即是一些分选性较好和磨圆度较高的粉砂级或砂级的内碎屑；另一种是生物成因，即是由一些生物排泄的粒状粪便形成的，这种成因的球粒也称为粪球粒。在古代和现代的沉积中，绝大部分是粪球粒。

粪球粒呈卵形或椭球形，分选性甚好，有机质含量一般较高，在薄片中呈暗色，这是鉴别粪球粒的重要特征。粪球粒可形成于多种环境，如潮坪、潮下带、深水盆地等，但由于粪球粒刚形成时是松软的，极容易破碎或压实，因此只有在石化较快且能量较低的环境（如潮坪）中才可以保存下来，而在能量较高的环境，粪球粒是少见的。

5）葡萄石、团块、豆粒

在现代巴哈马台地沉积中，可见沉积于海底的几个或多个相互接触的颗粒（鲕粒、球粒、生物颗粒等）胶结在一起形成一个复合颗粒。由于这种颗粒外形像葡萄串，因而称其为"葡萄石"，也有人称这种颗粒为复合颗粒。

团块是指通过胶结、凝聚或蓝藻黏液黏结碳酸盐沉积物而形成的无特殊内部结构的颗粒，它既包括葡萄石、藻团块，也包括由灰泥相互黏结凝聚形成的颗粒。与内碎屑不同，团块并不是早期固结的石灰岩层被波浪或水流破碎而成的，而是通过胶结或黏结作用原地形成的，后期可以经过搬运、磨蚀和再沉积。因此，许多团块实际上是胶结成岩作用的产物，其形成不需要高能水流。

豆粒是指直径大于 2 mm 的包粒，其同心层通常不规则。豆粒成因可有多种，有些豆粒是在高盐度海水中沉淀形成的。有些豆粒就是藻灰结核。

6）生物颗粒

生物颗粒是指生物骨骼及其碎屑，也可称为"生屑""生粒""骨屑"等，其类型包括腕足类、棘皮类、腹足类、头足类、瓣鳃类、三叶虫、介形虫、有孔虫、层孔虫、海绵、珊瑚、红藻、绿藻、轮藻等钙质生物化石。

生物颗粒是碳酸盐的重要组成部分，其鉴定主要靠形态、结构（如晶粒结构、纤状结构、片状结构、柱状结构等)和成分等多种标志。

2. 泥

泥是与颗粒相对应的另一种结构组分,是指泥级的碳酸盐质点,它与黏土泥是相当的。"微晶碳酸盐泥""微晶""泥晶""泥屑"是它的同义语。根据具体成分,可称为灰泥和云泥。灰泥是方解石成分的泥;云泥是白云石成分的泥。

灰泥存在三种成因类型:第一种是化学沉淀作用生成的灰泥。现代海洋沉积物中的针状文石泥就大都是这样生成的,这种文石泥大都生于热带的高盐度海水中。第二种是机械破碎、磨蚀作用生成的灰泥。第三种是生物作用形成的灰泥。

3. 胶结物

胶结物主要是指沉淀于颗粒之间的结晶方解石或其他矿物,它与砂岩中的胶结物相似。这种方解石胶结物的晶粒一般都比灰泥的晶粒粗大,通常都大于 0.005 mm 或大于 0.01 mm。由于其晶体一般较清洁明亮,故常称为亮晶方解石、亮晶方解石胶结物或亮晶。但也有泥晶胶结物,只是较少见。

亮晶方解石胶结物是在颗粒沉积之后,由颗粒之间的粒间水以化学沉淀的方式生成的。

亮晶方解石胶结物与粒间灰泥的区别在于:一是亮晶晶粒较大,灰泥则较小;二是亮晶较清洁明亮,灰泥则较污浊;三是亮晶胶结物常呈现出栉壳状等特征的分布状况,灰泥则不会这样。

灰泥和胶结物的成因是根本不同的,灰泥是在安静的环境沉积的;而胶结物则是颗粒沉积之后,粒间水的化学沉淀产物,它存在的前提是必须有粒间孔隙。在碳酸盐岩中,胶结物的矿物成分除方解石外,还常有白云石、石膏等。

4. 晶粒

晶粒是晶粒碳酸盐岩(也称结晶碳酸盐岩)的主要结构组分。

晶粒可首先根据粒度划分为砾晶、砂晶、粉晶和泥晶等。砂晶还可细分为极粗晶、粗晶、中晶、细晶和极细晶;粉晶还可细分为粗粉晶和细粉晶。

砾晶,>2.0 mm;

极粗晶,1.0~2.0 mm;

粗晶,0.5~1.0 mm;

中晶,0.25~0.5 mm;

细晶,0.1~0.25 mm;

粗粉晶,0.05~0.1 mm;

细粉晶,0.005~0.05 mm;

泥晶,<0.005 mm。

泥晶和细粉晶的方解石和白云石,主要是原生或准同生的;粗粉晶以上的方解石和白云石,主要是次生的,即重结晶或交代作用的产物。

5. 生物格架

生物格架主要是指原地生长的群体生物，如珊瑚、苔藓虫、海绵、层孔虫等，以其坚硬的钙质骨骼所形成的骨骼格架。

另外，一些藻类，如蓝藻和红藻，其黏液可以黏结其他碳酸盐组分，如灰泥、颗粒、生物碎屑等，从而形成黏结格架，如各种叠层石以及其他黏结格架。

骨骼格架和黏结格架都是生物格架，它们是礁碳酸盐岩必不可少的组分。

(二) 碳酸盐岩的构造

碳酸盐岩具有丰富多彩的构造特征，在碎屑岩中常能见到的构造在碳酸盐中几乎都能见到。其按成因可划分为水流成因构造、重力成因构造、生物成因构造、溶解–渗滤成因构造，此外还有叠加成因的构造。按在碳酸盐岩层中的产出部位，碳酸盐岩构造可划分为：底面构造、顶面构造和内部构造。

下面介绍几种特殊的构造。

1) 叠层石构造

叠层石构造也称叠层构造或叠层藻构造，简称叠层石。

叠层石由两种基本层组成：一是富藻纹层，又称暗层，较薄，藻类组分含量多，有机质含量高，碳酸盐沉积岩少，故色暗；二是富碳酸盐纹层，又称亮层，较厚，藻类组分含量少，有机质含量低，故色浅，这两种基本层交替出现，即成叠层石构造[图8-3(a)(b)]。

扫一扫，看彩图

(a)(b)为叠层石构造；(c)为鸟眼构造；(d)为湖南锡矿山矿区上泥盆统锡矿山组灰岩中的虫迹构造。

图 8-3　碳酸盐岩的特殊构造

叠层石中的藻组分主要是丝状或球状的蓝绿藻。根据现代碳酸盐沉积物中的蓝绿藻席的观察研究得知，这种藻席主要生活在潮间浅水地带，通过光合作用生长，分泌大量的黏液，这种黏液可以捕集碳酸盐颗粒和泥，就像捕蝇纸黏捕苍蝇一样。一般来说，在风暴潮或高潮期，由风暴水流或潮汐水流带来的碳酸盐颗粒和泥，将大量地被这种富含黏液的藻席捕获，从而形成富碳酸盐的纹层。相反，在非风暴期，则主要形成富藻纹层。也有另外的观察表明，在白天，藻类光合作用旺盛，主要形成富藻纹层；在夜间，则主要形成贫藻的纹层。

叠层石的形态多样，但基本形态只有两种，即层状的（包括波状的等）和柱状的（包括锥状的等），其他形态都是这两种基本形态的过渡或组合。叠层石的形态和沉积环境水动力密切相关。一般来说，层状形态的叠层石生成环境的水动力条件较弱，多属潮间带上部的产物；柱状形态叠层石生成环境的水动力条件较强，多为潮间带下部或潮下带上部的产物。

2）鸟眼构造

在泥晶、微晶（或球粒）白云岩或灰岩中，见有 1~3 mm 大小的，大致平行于层理排列的，似鸟眼状的孔隙，被亮晶方解石或硬石膏等充填或半充填的构造［图 8-3（c）］，因为它们常成群密集出现，因其形似窗格，故也称窗格构造（孔隙）；又因这样充填或半充填的孔隙白色，似雪花，故也称雪花构造。鸟眼构造有六种可能的成因：灰泥中的气泡；收缩；灰岩中的水滴；藻类；硬石膏；成岩作用重结晶。多数人认为以前两种为主。

3）示顶底构造

在碳酸盐岩的孔隙中，如在鸟眼孔隙、生物体腔孔隙以及其他孔隙中，常有两种不同特征的充填物。在孔隙底部或下部主要为泥晶或粉晶方解石，色较暗；在孔隙顶部或上部为亮晶方解石，色浅且多呈白色。两者界面平直，且同一岩层中的各个孔隙的类似界面都相互平行。两者界面可能代表了当时的沉积界面，或沉积间断面。

这两种不同的孔隙充填物代表了不同时期的充填作用。底部或下部的泥粉晶充填物形成很早，是孔隙形成后不久由上覆水体中呈悬浮状态的灰泥沉积形成的。上部或顶部的亮晶方解石则是后期充填的。两者之间的平直界面与水平面是平行的。因此，根据这一充填孔隙构造，可以判断岩层的顶底，故称为示顶底构造，亦可简称为示底构造。

4）虫迹构造

"虫迹构造"（或称遗迹化石）是一个概括性的术语，它包括生物穿孔、生物潜穴（或生物掘穴、虫穴）、生物爬行痕迹等，这里说的生物主要是蠕虫动物或软体动物等。

生物穿孔是指生物在固结或半固结的岩石或生物组分中，通过穿孔方式所形成的一种孔状或管状构造。生物潜穴是指在尚未固结的沉积物的表面上爬行的痕迹［图 8-3（d）］。

虫迹构造不能像遗体化石那样被搬运，是原地的，可以指示生物特征及其活动情况，是很有用的环境分析标志。

5）缝合线构造

缝合线构造是碳酸盐岩中常见的一种裂缝构造。在岩层的剖面上，它表现为锯齿状的曲线，此即称缝合线；在平面上，即在沿此裂缝破裂面上，它表现为参差不平、凸凹起伏的面，此即缝合面。按其与岩层的产状关系可以分为平缝合线（平行层理）、斜缝合线和立缝合线（缝线近于垂直层面）。缝合线构造的大小差别甚大，大者，其凹凸幅度可达十几厘米甚至更大；小者，其凹凸幅度小于 1 mm，仅在显微镜下才能看出［图 2-7（c）（d）］。

一般认为缝合线是在后生阶段由压溶作用产生的。一般在薄层灰岩、泥质夹层很薄的石灰岩中，缝合线发育。若灰岩厚，或泥质夹层少，缝合线就少。

缝合线构造是一种裂缝构造，因此，它必然成为油、气、水运移的通道。已有许多证据证明，缝合线构造在油气的运移和聚焦上起了积极的作用。

三、分类和命名

为了研究碳酸盐岩的沉积特征，应先研究碳酸盐岩的类型。碳酸盐岩的分类包括成分分类和结构分类。碳酸盐岩按成分分为石灰岩和白云岩两个基本类型，在它们之间又有一系列的过渡类型。它们和黏土岩、碎屑岩之间也常存在过渡的岩石。

(一) 成分分类

成分分类是碳酸盐岩的基本分类，涉及石灰岩与白云岩过渡类型的划分、碳酸盐岩与黏土岩、砂岩(粉砂岩)过渡类型的划分(表8-6、表8-7、表8-8)。这种分类方案是以室内的矿物鉴定和化学分析为依据的，以某物质的相对含量"5%~25%"定岩石名称的次要形容词，以"含××"表示；以"25%~50%"定岩石名称的主要形容词，以"××质"表示；以某物质的相对含量大于50%，称为"××岩"。例如，某碳酸盐岩中方解石含量为62%，白云质含量为30%，黏土含量为8%，则该岩石定名为"含泥的白云质石灰岩"。相对而言，目前成分分类使用较少，碳酸盐的结构分类较为流行。

表8-6 根据方解石和白云石的相对含量划分的岩石类型

岩石类型		方解石/%	白云石/%	CaO：MgO
石灰岩类	纯石灰岩	95~100	0~5	>50.1
	含白云的石灰岩	75~95	5~25	9.1~50.1
	白云质石灰岩	50~75	25~50	4.0~9.1
白云岩类	灰质白云岩	25~50	50~75	2.2~4.0
	含灰的白云岩	5~25	75~95	1.5~2.2
	纯白云岩	0~5	95~100	1.4~1.5

表8-7 石灰岩-黏土岩系列的岩石类型

岩石类型			方解石/%		黏土矿物/%	
石灰岩类	纯石灰岩		100~95		0~5	
	含泥*的石灰岩	微含泥*的石灰岩	75~95	90~95	5~25	5~10
		含泥*的石灰岩		75~95		10~25
	泥*石灰岩		50~75		25~50	
白云岩类	灰质黏土岩		25~50		50~75	
	含灰的黏土岩		5~25		75~95	
	纯黏土岩		0~5		95~100	

注：*这里的"泥"是黏土成分的"泥"，也可用"黏土"代替"泥"。

表 8-8　碳酸盐岩-砂岩(粉砂岩)系列的岩石类型

岩石类型	方解石(或白云石)/%	砂(或粉砂)/%
纯石灰岩(或白云岩)	95~100	0~5
含砂(或粉砂)石灰岩(或白云岩)	75~95	5~25
砂质(或粉砂质)石灰岩(或白云岩)	50~75	25~50
灰质(或白云质)砂岩(或粉砂岩)	25~50	50~75
含灰(或白云)砂岩(或粉砂岩)	5~25	75~95
砂岩(或粉砂岩)	0~5	95~100

(二) 结构分类

这种分类法目前是最流行的、最有使用价值的分类方案,本实习教程推荐采用。石灰岩结构分类的一些重要原则:一是分类反映了碳酸盐岩岩石学的最新研究成果,即将碎屑岩结构能量观点引入碳酸盐岩;二是分类首先是描述性的,即把第一性的、可观察到的、可以计量的主要碳酸盐岩结构组分反映到岩石定名中去;三是分类具有定量的标志,沉积环境的水动力条件或能量的结构组分用颗粒与灰泥的相对含量以及生物格架的相对含量来反映;四是分类应有较广泛的实用性;五是分类简明扼要,并有一定的灵活性。目前代表性的石灰岩分类方案主要有福克、邓哈姆和冯增昭的分类方案,本次实习采用冯增昭的石灰岩结构分类方案。

在福克和邓哈姆的石灰岩分类的基础上,冯增昭首先把石灰岩分为三个大的结构类型(表8-9),即Ⅰ.颗粒-灰泥石灰岩;Ⅱ.晶粒石灰岩;Ⅲ.生物格架-礁石灰岩。

表 8-9　冯增昭的石灰岩分类方案

Ⅰ.颗粒-灰泥石灰岩			灰泥/%	颗粒/%	颗粒 内碎屑	颗粒 生物颗粒	颗粒 鲕粒	颗粒 球粒	颗粒 藻粒	晶粒	生物格架
Ⅰ.颗粒-灰泥石灰岩	Ⅰ(1)颗粒石灰岩	Ⅰ(2)颗粒石灰岩	10	90	内碎屑石灰岩	生粒石灰岩	鲕粒石灰岩	球粒石灰岩	藻粒石灰岩	Ⅱ.晶粒石灰岩	Ⅲ.生物格架-礁石灰岩
		含灰泥颗粒石灰岩	25	75	含灰泥内碎屑石灰岩	含灰泥生粒石灰岩	含灰泥鲕粒石灰岩	含灰泥球粒石灰岩	含灰泥藻粒石灰岩		
		灰泥质颗粒石灰岩	50	50	灰泥质内碎屑石灰岩	灰泥质生粒石灰岩	灰泥质鲕粒石灰岩	灰泥质球粒石灰岩	灰泥质藻粒石灰岩		
	颗粒质灰泥石灰岩	颗粒质灰泥石灰岩	75	25	内碎屑质灰泥石灰岩	生粒质灰泥石灰岩	鲕粒质灰泥石灰岩	球粒质灰泥石灰岩	藻粒质灰泥石灰岩		
	含颗粒灰泥石灰岩	含颗粒灰泥石灰岩	90	10	含内碎屑灰泥石灰岩	含生粒灰泥石灰岩	含鲕粒灰泥石灰岩	含球粒灰泥石灰岩	含藻粒灰泥石灰岩		
	无颗粒灰泥石灰岩	灰泥石灰岩			灰泥石灰岩	灰泥石灰岩	灰泥石灰岩	灰泥石灰岩	灰泥石灰岩		

第Ⅰ大类即颗粒-灰泥石灰岩分布最广，它的分类是两端元的，这两个端元组分即颗粒与灰泥。颗粒与灰泥的相对百分含量，定量地反映沉积环境的水动力条件和能量，因此表8-9的颗粒-灰泥石灰岩部分，从下往上，水能量逐渐增强，即从静水逐步变为强动荡水。因此，这一定量标志有重要的成因意义。

第Ⅱ大类即晶粒石灰岩，基本上全由晶粒组成，几乎不含其他结构组分。它又可根据晶粒的粗细，再细分为粗晶石灰岩、中晶石灰岩、粉晶石灰岩和泥晶石灰岩等。此处的泥晶石灰岩与颗粒-灰泥石灰岩中灰泥石灰岩是同一种岩石。除泥晶石灰岩外，其他较粗的晶粒石灰岩大都是次生变化即重结晶作用或交代作用的产物。

第Ⅲ大类即生物格架-礁石灰岩，是一种独特类型的石灰岩，其特征是含有原地的生物格架组分，可根据造礁生物类型进行细分定名。

四、碳酸盐岩的主要类型

(一)石灰岩的主要类型

1) 颗粒石灰岩

颗粒石灰岩常呈浅灰色至灰色，中厚层、厚层至块状。岩石中的颗粒含量大于50%，颗粒可以是生物碎屑、内碎屑、鲕粒、藻粒、球粒(团粒)等其中的一种或几种。粒径可以大至砾级，最小到粉屑级。它们的填隙物可以是灰泥杂基或亮晶胶结物，或两者都有。

颗粒的分选和圆度可以因搬运磨蚀而明显不同。潮上或礁前环境形成的颗粒石灰岩中的颗粒多呈棱角状碎屑；浅水波浪环境的颗粒石灰岩中的颗粒分选性好、磨圆度高；风成沙丘或海滩颗粒石灰岩的颗粒分选磨圆度特别高。

冲洗干净、分选好的颗粒石灰岩，通常代表水浅、波浪和流水作用较强烈的环境，其中灰泥被簸选走，颗粒被亮晶方解石胶结。常见波痕、交错层理和冲刷构造。

2) 泥晶石灰岩

泥晶石灰岩或称灰泥石灰岩，一般呈灰色至深灰色，薄至中厚层为主。岩石主要由泥晶方解石组成。这类灰岩中时常发育水平纹理、水平虫迹和生物扰动等构造。纯泥晶石灰岩常具光滑的贝壳状断口。

泥晶石灰岩中的颗粒含量很低，但颗粒的类型尤其是生物碎屑的种类为判断岩石沉积环境提供了重要依据。如含底栖双壳类、有孔虫及绿藻等局限环境生物，则沉积于浅水环境；含浮游生物则可能沉积于深水环境。泥晶灰岩中如有藻类活动及随后发育的鸟眼构造，则反映了潮间或潮上的环境。总之，泥晶石灰岩主要发育于缺少强水动力簸选的低能环境，如浅水潟湖、局限台地或较深水的斜坡和盆地环境等。

3) 生物礁石灰岩

生物礁石灰岩主要是由造礁生物骨架及造礁生物黏结的灰泥沉积物等组成的石灰岩。生物礁石灰岩在地貌上高于同期的石灰岩而呈块状岩隆。主要的造礁生物有钙藻、珊瑚、海绵动物、苔藓虫、层孔虫等，这些生物类型随地质时代的变化而变化。根据造礁生物种类的不同可进一步命名为藻礁石灰岩、珊瑚礁石灰岩等。

4) 晶粒石灰岩

晶粒石灰岩是一类较特殊的石灰岩，主要由方解石晶粒组成。其中较粗晶的晶粒石灰岩大都是重结晶作用和交代作用的产物。可以通过阴极发光法等实验方法来识别这类岩石的原始沉积结构和构造。

5）生物碎屑灰岩

生物碎屑灰岩或称骨屑灰岩、介屑灰岩。岩石内可含各种生物遗体，这些生物遗体可以是完整的，也可以是碎屑的；生物化石密集程度也不一样，有的生物碎屑甚至分选很好；胶结物部分可能是微晶（或泥晶），也可能是亮晶，这取决于沉积环境，特别是水动力状况。

（二）白云岩的主要类型

根据白云岩的生成机理，可把白云岩划分为原生白云岩和次生（交代）白云岩两大类，进而依据结构组分进行白云岩的结构成因分类。主要类型有：

1）原生白云岩

原生白云岩是指由以化学沉淀方式直接从水体中直接沉淀出化学计量的白云石所组成的白云岩。由地下水的沉淀作用所形成的白云石，是名符其实的原生白云石，但是这种原生的白云石并不具有地层学的意义，即它们不能形成一定的地层单位。到目前为止，还没有找到过硬的现代白云石沉积的实例，来证明有地层学意义的原生白云岩的存在。

2）次生白云岩

次生白云岩是指一切非原生沉淀作用生成的白云岩，即指一切由交代作用或白云岩化作用生成的白云岩。它还可再分为同生白云岩、准同生白云岩、成岩白云岩和后生白云岩等成因类型。

同生白云岩：是指刚沉积的碳酸钙沉积物或者是原生白云石沉积物，在沉积环境中，而且仍然在沉积水体的影响下，在沉积物–水界面处，通过交代作用或白云岩化作用所生成的白云岩。同生白云岩可以作为沉积期生成的白云岩，但却不是化学沉淀作用直接生成的原生白云岩。同生白云岩包括与蒸发岩共生的白云岩；与石灰岩共生的白云岩；与陆源沉积物互层的白云岩；散布在陆源沉积物中的白云石晶体等。

准同生白云岩：是指沉积不久的碳酸盐沉积物，虽然其沉积环境的条件并未变化，但它已基本脱离了沉积水体，不再受沉积水体的影响，通过交代作用或白云岩化作用而生成的白云岩。潮上带毛细管浓缩作用或者蒸发泵作用所形成的白云岩，就是准同生白云岩。这种白云岩的岩性特征很明显，晶粒较细，常为泥晶或泥粉晶，常含黏土等陆源物质，多呈土黄色或浅黄色，多呈薄层或页状层，层理甚至纹理发育，常含层状或波状叠层石，有时也有短柱状叠层石，常发育鸟眼构造，常含石膏或硬石膏夹层等。

成岩白云岩：是指碳酸钙沉积物在其成岩作用过程中由交代作用或白云岩化作用所生成的白云岩。回流渗透白云化作用、混合白云化作用以及调整白云化作用可以形成此类白云岩。

后生白云岩：是指在石灰岩形成之后，由交代作用或白云岩化作用生成的白云岩。回流渗透作用、混合白云化作用、热液作用、变质作用以及调整白云化作用等可形成后生白云岩。

附录

一、锡矿山地质填图实习常用图例

含砾砂岩　　粗砂岩　　中砂岩　　细砂岩

粉砂岩　　石英砂岩　　长石砂岩　　含铁砂岩

含铜砂岩　　页岩　　粉砂质页岩　　钙质页岩

硅质页岩　　碳质页岩　　灰岩　　砂质灰岩

泥质灰岩　　砾屑灰岩　　砂屑灰岩　　粉屑灰岩

生物屑灰岩　　结晶灰岩　　颗粒灰岩　　铁质灰岩

白云质灰岩　　碳质灰岩　　含燧石结核灰岩　　条带状灰岩

竹叶状灰岩　　瘤状灰岩　　泥灰岩　　"宁乡式"铁矿体

块状赤铁矿矿石　　岩脉（未分）　　超基性岩脉　　基性岩脉

中性岩脉　　煌斑岩　　图切剖面及编号　　实测剖面及编号

矿化点　　矿化转石点　　标本采集地点及编号　　实测地质界线

推测地质界线　　短轴背斜轴线　　短轴向斜轴线　　倾伏向斜轴线

扬起向斜轴线　　倒转背斜　　倒转向斜　　实测性质不明断层

推测性质不明断层　　实测正断层　　推测正断层　　实测逆断层倾向及倾角

实测左行走滑断层　　实测右行走滑断层　　推测左行走滑断层　　推测右行走滑断层

扫一扫，看彩图

二、岩层真倾角和视倾角换算表

真倾角	1°	5°	10°	15°	20°	25°	30°	35°	40°	45°	50°	55°	60°	65°	70°	75°	80°
10°	0°11'	0°53'	1°45'	9°27'	3°27'	4°16'	5°02'	5°47'	6°28'	7°06'	7°42'	8°13'	8°41'	9°05'	9°24'	9°40'	9°51'
15°	0°16'	1°20'	2°40'	3°58'	5°14'	6°28'	7°38'	8°44'	9°46'	10°44'	11°36'	12°23'	13°04'	13°39'	14°08'	14°31'	14°47'
20°	0°22'	1°49'	3°37'	5°23'	7°06'	8°45'	10°19'	11°48'	13°10'	14°26'	15°35'	16°36'	17°30'	18°15'	18°53'	19°22'	19°43'
25°	0°28'	2°20'	4°38'	6°53'	9°04'	11°09'	13°07'	14°58'	16°41'	18°15'	19°39'	20°54'	21°59'	22°55'	23°40'	24°15'	24°40'
30°	0°35'	2°53'	5°44'	8°30'	11°10'	13°43'	16.06°43'	18°19'	20°22'	22°12'	23°52'	25°19'	26°34'	27°37'	27°29'	29°09'	29°37'
35°	0°42'	3°30'	6°56'	10°16'	13°28'	16°29'	19°18'	21°53'	24°14'	26°20'	28°13'	29°50'	31°14'	32°24'	33°21'	34°04'	34°35'
40°	0°50'	4°11'	8°17'	12°15'	16°01'	19°32'	22°46'	25°42'	28°20'	30°41'	32°44'	34°30'	36°00'	37°15'	38°15'	39°02'	39°34'
45°	1°00'	4°59'	9°51'	14°31'	18°53'	22°55'	26°34'	29°50'	32°44'	35°16'	37°27'	39°19'	40°54'	42°11'	43°13'	44°00'	44°34'
50°	1°11'	5°56'	11°42'	17°09'	22°11'	26°44'	30°47'	34°21'	37°27'	40°07'	42°24'	44°19'	45°54'	47°12'	48°14'	49°01'	49°34'
55°	1°26'	7°06'	13°56'	20°17'	26°02'	31°07'	35°32'	39°19'	42°33'	45°17'	47°34'	49°29'	51°03'	52°19'	53°19'	54°04'	54°35'
60°	1°44'	8°35'	16°44'	24°09'	30°39'	36°12'	40°54'	44°49'	48°04'	50°46'	53°00'	54°49'	56°19'	57°30'	58°26'	59°08'	59°37'
65°	2°09'	10°35'	20°26'	29°02'	36°16'	42°11'	47°00'	50°53'	54°02'	56°36'	58°40'	60°21'	61°42'	62°46'	63°36'	64°14'	64°40'
70°	2°45'	13°28'	25°30'	35°25'	43°13'	49°16'	53°57'	57°36'	60°29'	62°46'	64°35'	66°03'	67°12'	68°07'	68°50'	69°21'	69°43'
75°	3°44'	18°01'	32°57'	44°00'	51°55'	57°37'	61°49'	64°58'	67°22'	69°15'	70°43'	71°53'	72°48'	73°32'	74°05'	74°30'	74°47'
80°	5°39'	26°18'	44°34'	55°44'	75°39'	67°21'	70°34'	72°55'	74°40'	76°00'	77°02'	77°51'	78°29'	78°50'	79°22'	79°39'	79°51'
85°	11°17'	44°53'	63°61'	71°19'	9°51'	78°18'	80°05'	81°20'	82.15°51'	82°57'	83°29'	83°54'	84°14'	84°29'	84°41'	84°49'	84°55'
89°	45°00'	78°40'	84°16'	86°09'	87°05'	87°38'	88°00'	88°15'	88°27'	88°35'	88°42'	88°47'	88°51'	88°54'	88°56'	88°58'	88°59'

岩层走向与剖面间的夹角

三、实测地层剖面记录表

起点 GPS 坐标：X：　　　　　　Y：　　　　　　Z：　　　　　；精测坐标：X：　　　　　　Y：　　　　　　Z：　　　　　　/　　页

| 导线号 | 导线 | | | | | 累计 | | 产状 | | 真厚度 (D) | 分层 | | 地质描述 | 样品 | 备注 |
	方位角	斜距 (L)	坡角 ±(β)	平距 (m)	高差 (h)	平距 (M)	高差 ±(H)	倾向∠倾角 α	基线与走向间夹角 (γ)		代号	厚度		编号/位置	
1	2	3	4	5	6	7	8	9	10	11	12	13	14	15	16

注：长度单位为米（m）；方位及坡角单位为（°）

测手：　　　　　记录人：　　　　　计算人：　　　　　检查人：　　　　　组长：　　　　　日期：　　　年　　月　　日

四、锡矿山填图区卫星图（来源于 Google map）

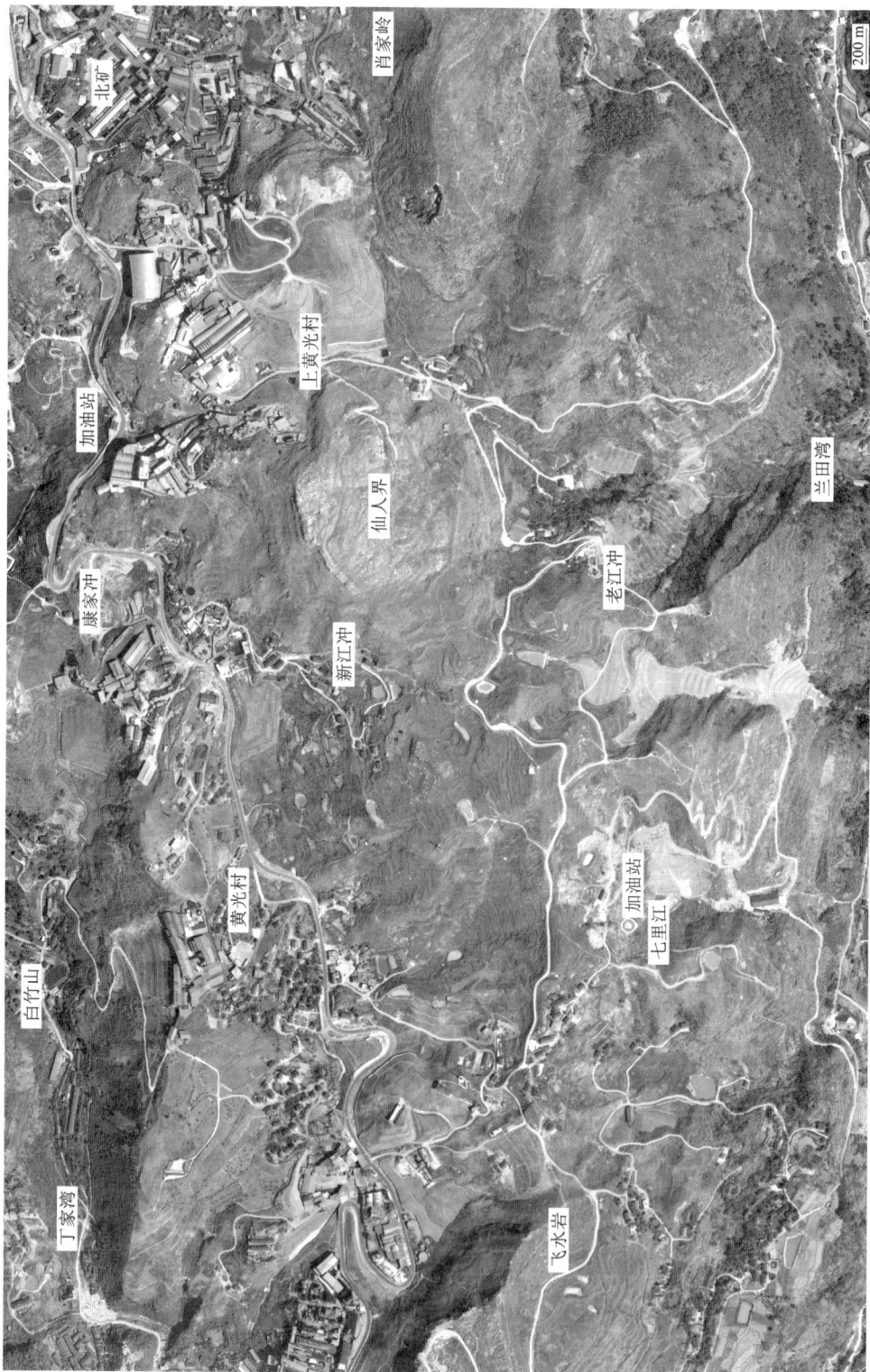

扫一扫，看彩图

五、全国磁偏角一览表

单位（°）

地区	磁偏角	地区	磁偏角
北京、天津、河北	-6	新疆哈密及若羌地区	1
上海、江苏	-5	新疆乌鲁木齐、吐鲁番、库尔勒地区	2
山西、河南、安徽、浙江	-4	新疆喀什、叶城及和田地区	3
陕西、湖北、湖南、江西、福建、台湾	-3	新疆阿克苏、伊宁及克拉玛依地区	4
宁夏、四川、重庆、广西、广东	-2	新疆阿勒泰地区	5
云南、贵州、海南	-1	内蒙古额济纳、阿拉善右旗地区	-2
西藏	0	内蒙古临河、石嘴山地区	-3
青海刚察、玛沁以西地区	0	内蒙古包头东盛地区	-4
青海刚察、玛沁以东地区	-1	内蒙古呼和浩特地区	-5
甘肃张掖以西地区	0	内蒙古二连浩特地区	-6
甘肃张掖以东地区	-1	内蒙古锡林浩特、赤峰地区	-7
辽宁	-8	内蒙古通辽地区	-8
吉林	-9	内蒙古霍林郭勒地区	-9
黑龙江漠河以南地区	-10	内蒙古海拉尔、扎兰屯地区	-10
黑龙江漠河以北地区	-11	内蒙古鄂伦春地区	-11

六、标本和样品代号表

样品类型	代号	样品类型	代号
标本	B	自然重砂样	Z
薄片	b	人工重砂样	RZ
光片	g	电子探针分析样	Dz
照片	ZP	同位素年龄样	TW
单矿物分析样	DF	同位素组成样	TZ
岩石光谱分析样	GP	稀土元素样	RE
化学全分析样	HQ	化石标本	HB
基本化学分析样	H	动物化石标本	DH
水化学分析样	SH	植物化石标本	ZH
地质观察点	D	定向标本	DB
古地磁标本	GC	构造标本	GB
样品	YP	孢粉化石标本	BF

七、锡矿山填图区代表性腕足类化石

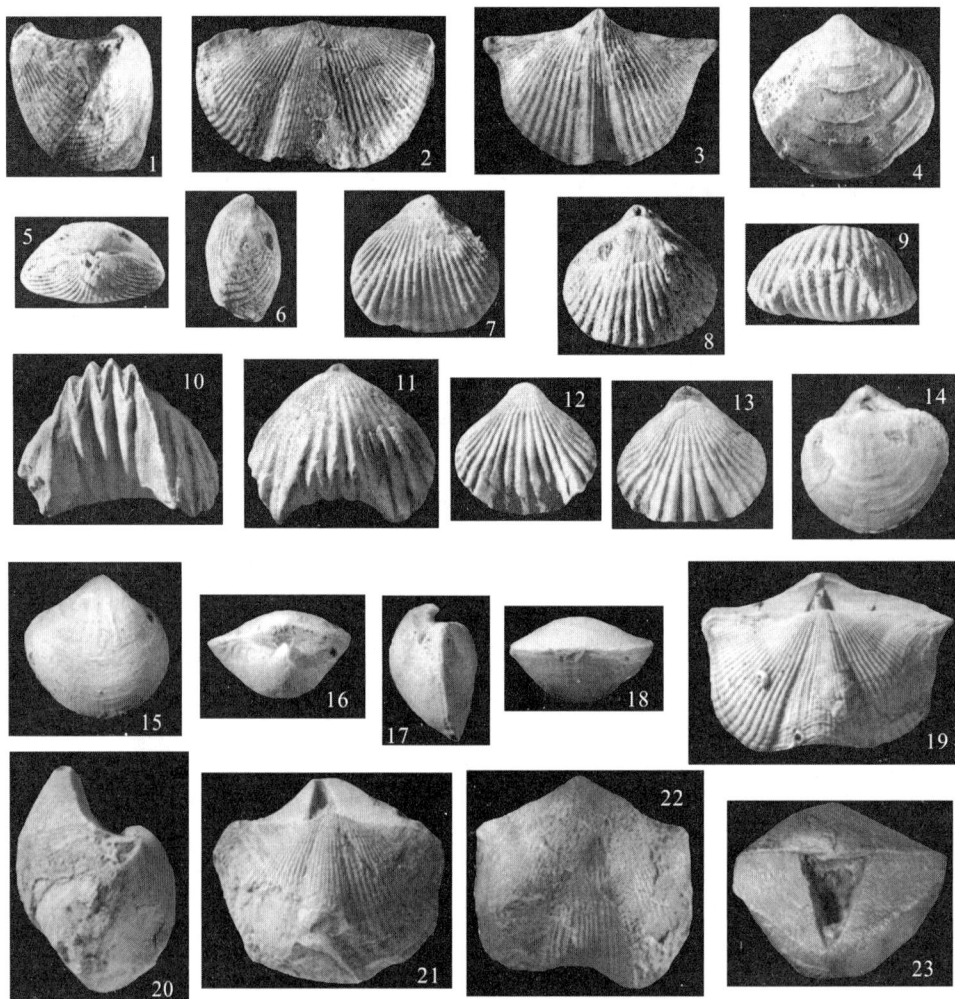

10 mm

图版说明：1～2. *Cyrtospirifer* cf. *whitneyi*，腹、背视；3. *Cyrtospirifer variabilis*；4. *Athyris supervittata* Tien，腹视；5～9. *Hunanotoechia*，后、侧、腹、背、前视；10～11. *Yunnanella* sp.，背视；12～13. *Yunnanellina hanburyi*，腹、背视；14～18. *Emanuella* sp.，背、腹、后、侧、前视；19. *Sinospirifer subextensus*，背视；20～21. *Cyrtospirifer* cf. *sichuanensis* Chen，侧、背视；22. *Hunnanospirifer wangi* Tien，腹、后视。

参考文献

［1］ Lisle R J, Brabham P J, John W. 地质填图基础［M］.5 版.北京：石油工业出版社, 2017.

［2］ 陈宁华, 胡程青, 程晓敢.野外地质简明手册——安徽巢北区域地质填图实习指导［M］.杭州：浙江大学出版社, 2015.

［3］ 胡阿香, 彭建堂.湘中锡矿山中生代煌斑岩及其成因研究［J］.岩石学报, 2016, 32(7)：2041-2056.

［4］ 段嘉瑞, 尹仲科, 彭恩生, 等.地质实习指南［M］.长沙：中南工业大学出版社, 1986.

［5］ 胡雄伟.湖南锡矿山超大型锑矿床成矿地质背景及矿床成因［D］.北京：中国地质科学院, 1995.

［6］ 侯亚飞, 宋博文, 郭俊刚.弗拉期—法门期(F-F)之交事件在广西全州地区的沉积学响应［J］.地质通报, 2021, 40(4)：499-511.

［7］ 刘辰生, 郭建华.坳拉槽层序地层学：以湘中坳陷为例［J］.中南在学学报(自然科学版), 2017, 48(8)：2113-2119.

［8］ 刘光模, 简厚明.锡矿山矿田地质特征［J］.矿床地质, 1983, 2(3)：43-50.

［9］ 刘焕品, 张永龄, 刘文清.湖南省锡矿山锑矿床的成因探讨［J］.湖南地质, 1985, 4(1)：28-39.

［10］ 刘焕品.锡矿山锑矿床的硅化作用及其形成机制［J］.湖南地质, 1986, 5(3)：27-36.

［11］ 马学平, 宗普.湖南中-晚泥盆世腕足动物组合、海平面升降及古地理演变［J］.中国科学, 2010, 40(9)：1204-1218.

［12］ 彭建堂, 胡阿香, 张龙升, 等.湘中锡矿山矿区煌斑岩中捕获锆石 U-Pb 定年及其地质意义［J］.大地构造与成矿学, 2014, 38(3)：686-693.

［13］ 彭三国.湘鄂桂地区"宁乡式"铁矿成矿地质特征与找矿前景［J］.矿床地质, 2010, 29(S1)：101-102.

［14］ 许汉奎.湖南上泥盆统云南贝-小云南贝腕足动物群［J］.地层学杂志, 1979, 3(2)：123-126.

［15］ 王根贤, 景元家, 庄锦良, 等.湘中锡矿山地区泥盆纪—早石炭世地层系统［J］.湖南地质, 1986, 5(3)：48-65.

［16］ 王根贤, 景元家, 庄锦良, 等.湘中锡矿山地区泥盆纪—早石炭世地层系统(续)［J］.湖南地质, 1986, 5(4)：36-50.

［17］ 王曰伦, 刘祖彝, 程裕淇.湖南宁乡铁矿地质［Z］.地质汇报, 第 32 号, 1938：1-32.

［18］ 王玉珏, 梁昆, 陈波.晚泥盆世 F-F 大灭绝事件研究进展［J］.地层学杂志, 2020, 44(3)：277-298.

［19］ 张彩华, 刘继顺.澜沧江陆缘弧云县段富钾火山岩与铜银成矿作用［M］.长沙：中南大学出版社, 2016.

［20］ 张彩华.澜沧江火山弧云县段铜矿床地质特征、成矿模式与找矿预测［D］.长沙：中南大学, 2007.

［21］ 张会琼, 薛陈利, 熊靓辉, 等.中国锑产业发展与挑战［J］.矿产勘查, 2024, 15(7)：1318-1324.

［22］ 张洪培.云南蒙自白牛厂银多金属矿床——与花岗质岩浆作用有关的超大型矿床［D］.长沙：中南大学, 2007.

[23] 朱筱敏.沉积岩石学[M].4版.北京：石油工业出版社，2008.

[24] 赵一鸣，毕承思.宁乡式沉积铁矿床的时空分布和演化[J].矿床地质，2000，19(4)：350-361.

[25] 《中国矿床发现史·综合卷》编委会.中国矿床发现史·综合卷[M].北京：地质出版社，2001.

[26] 固体矿产勘查工作规范：GB/T 33444—2016[S].2016.

[27] 固体矿产地质勘查规范总则：GB/T 13908—2020[S].2020.

[28] 固体矿产勘查原始地质编录规程：DZ/T 0078—2015[S].2015.

[29] 固体矿产勘查地质填图规范：DZ/T 0382—2021[S].2021.

[30] 固体矿产勘查地质资料综合整理综合研究技术要求：DZ/T 0079—2015[S].2015.